Tasty Food
食在好吃

爱健康 | 爱生活

凤凰含章
Phoenix-HanZhang

301道广东靓汤
一学就会

甘智荣 主编

江苏凤凰科学技术出版社　凤凰含章

图书在版编目（CIP）数据

301道广东靓汤一学就会 / 甘智荣主编 . -- 南京：
江苏凤凰科学技术出版社，2015.8

（食在好吃系列）

ISBN 978-7-5537-4561-9

Ⅰ . ① 3… Ⅱ . ① 甘… Ⅲ . ① 粤菜 - 汤菜 - 菜谱
Ⅳ . ① TS972.122

中国版本图书馆 CIP 数据核字 (2015) 第 103477 号

301道广东靓汤一学就会

主　　　编	甘智荣	
责 任 编 辑	张远文　　葛　昀	
责 任 监 制	曹叶平　　周雅婷	

出 版 发 行	凤凰出版传媒股份有限公司 江苏凤凰科学技术出版社
出版社地址	南京市湖南路 1 号 A 楼，邮编：210009
出版社网址	http://www.pspress.cn
经　　　销	凤凰出版传媒股份有限公司
印　　　刷	北京旭丰源印刷技术有限公司

开　　　本	718mm×1000mm　　1/16
印　　　张	10
插　　　页	4
字　　　数	260千字
版　　　次	2015年8月第1版
印　　　次	2015年8月第1次印刷

标 准 书 号	ISBN 978-7-5537-4561-9
定　　　价	29.80元

图书如有印装质量问题，可随时向我社出版科调换。

序言

广东人善于煲汤、喜欢喝汤，一年四季总有靓汤相随，而一道道精心煲煮出的特色鲜明、功效显著的广东靓汤，既符合四季时令饮食特点，又能满足不同类型、不同体质的人保健之需。

中华烹饪大师甘智荣精选301道营养靓汤，将传统膳食养生的观念融入煲汤过程之中，让读者真正体味最地道的广式靓汤滋味，体会从食材、药材中获取营养精华的温馨感觉。

全书按功效分为养心润肺汤、补血养颜汤、保肝护肾汤、滋补养生汤、强身健体汤、提神健脑汤6大类，将各式好料、各种做法的滋补靓汤尽收其中。本书拥有最详细的煲汤食材介绍、最完整的步骤提点、最科学的养生保健知识，让你迅速成为煲汤高手。

目录

CONTENTS

01 养心润肺汤

02 补血养颜汤

03 保肝护肾汤

04　滋补养生汤

05 强身健体汤

06 提神健脑汤

家庭煲汤的器具介绍

煲汤都要准备哪些器具呢？下面将为大家介绍煲汤常用的各种器具。

1.汤锅

汤锅是家中必备的煲汤器具之一，有不锈钢和陶瓷等不同材质，可用于电磁炉。若要使用汤锅长时间煲汤，一定要盖上锅盖慢慢炖煮，这样可以避免过度散热。

2.漏勺

漏勺可用于食材的汆水处理，多为铝制。煲汤时可用漏勺取出汆水的肉类食材，方便快捷。

3.滤网

滤网是制作高汤时必须用到的器具之一。制作高汤时，常有一些油沫和残渣，滤网可以将这些细小的杂质滤出，让汤品美味又美观。可在煲汤完成后用滤网滤去表面油沫和汤底残渣。

4.汤勺

汤勺可用来舀取汤品，有不锈钢、塑料、陶瓷、木质等多种材质。煲汤时可选用不锈钢材质的汤勺，耐用、易保存。塑料汤勺虽然轻巧隔热，但长期用于舀取过热的汤品，可能产生有毒化学物质，不建议长期使用。

5.瓦罐

地道的老火靓汤煲制时多选用质地细腻的砂锅瓦罐，其保温能力强，但不耐温差变化，主要用于小火慢熬。新买的瓦罐第一次应先用来煮粥或是锅底抹油放置一天后再洗净煮一次水。经过这道开锅程序的瓦罐使用寿命更长。

高汤的制作

高汤是烹饪中常用的一种辅助原料，可在烹制其他菜肴时，代替水加入到菜肴或汤羹中，可提鲜。高汤的制作没有想象中的困难，本文将为你介绍几款常用的高汤制作方法。

1.大骨高汤的制作

材料：猪大骨500克，清水2000毫升

做法

❶ 将猪大骨用清水洗净。

❷ 用沸水汆去血水后用清水洗净，再和2000毫升的清水一起煮沸。

❸ 边煮边用滤网捞除汤面浮沫，再转小火熬煮至汤色变浓，约需1小时（若能熬煮3~4小时，可释放更多营养素）。

❹ 取出猪大骨，再用网筛过滤出汤汁。

❺ 等汤汁凉后放入冰箱冷藏1~2小时，等表面凝结后，刮除油脂。

❻ 将汤汁倒入制冰盒中，放入冰箱，使之凝固成小块状，再放入夹链袋中保存即可。

2.鸡骨高汤的制作

材料：鸡胸骨400克，清水1500毫升

做法

❶ 鸡胸骨洗净，用沸水汆去血水，再洗净备用。

❷ 将鸡胸骨和1500毫升清水一起煮沸，再转小火熬煮至鸡骨用汤匙即可压碎的程度。

❸ 取出鸡胸骨，过滤出汤汁，待凉后放入冰箱冷却1~2小时后取出，将上面的油脂刮除后即可。

3.鲜鱼高汤的制作

材料：鱼头1个（约200克），姜片1小片，清水600毫升

做法

❶ 鱼头洗净，加水和姜片一起煮沸后转小火，再熬1小时煮至鱼骨能轻易地用筷子剥开的程度。

❷ 等汤汁稍凉后，用细网筛过滤2次后即可。

4.蔬菜高汤的制作

材料：包菜叶2片，胡萝卜1/4根，洋葱1/2个，清水500毫升

做法

❶ 包菜叶洗净，撕成小片，先用热水氽烫备用。

❷ 胡萝卜、洋葱分别洗净后切小块，和包菜叶一起放入水中，用中火熬煮至胡萝卜变软，再过滤出蔬菜，高汤即完成。

5.蔬菜猪骨高汤的制作

材料：排骨300克，干香菇约6朵，洋葱1/2个，清水1500毫升

做法

❶ 排骨洗净，用沸水氽去血污，洗净备用。

❷ 香菇泡水至软；洋葱洗净备用。

❸ 将所有材料一起放入清水锅中以大火煮沸，转小火，熬煮至汤汁呈琥珀色，再用滤网过滤出汤汁即可。

6.牛肉高汤的制作

材料：牛肉400克，蒜适量，老抽、料酒各15毫升，清水适量

做法

❶ 将牛肉洗净；蒜去皮洗净，拍碎。

❷ 将牛肉放入沸水锅中氽去血水，捞出洗净切成小块备用。

❸ 锅中注油烧热，放入蒜炒香，倒入牛肉煸炒片刻，加入料酒和老抽翻炒均匀，注入适量的清水烧开，捞出牛肉，高汤即制成。

7.西红柿高汤的制作

材料：西红柿500克，洋葱2个，清水适量

做法

❶ 将西红柿洗净，切大块；洋葱去皮洗净，切大块。

❷ 将西红柿和洋葱放入汤锅中，加入适量清水，用大火煮沸。

❸ 再转小火煮1.5小时，捞出西红柿和洋葱即可。

老汤的制作与保存

所谓老汤，是指使用多年的卤煮禽、肉的汤汁，时间越长，内含营养成分、芳香物质越丰富，煮制出的肉食风味愈佳。

1.老汤的制作

任何老汤都是日积月累所得，而且都是从第一锅汤来的，家庭制老汤也不例外。第一锅汤，即炖煮鸡、排骨或猪肉的汤汁，除主料外，还应加入花椒、大料、胡椒、肉桂、砂仁、丁香、陈皮、草果、小茴香、鲜姜、食盐、白糖等调料。最好不要加葱、蒜、老抽、红糖等调料，以利于汤汁保存。上述调料的品种可依市场行情，并非缺一不可，但常用的调料应占一半以上。调料的数量依主料的多少而定，与一般炖肉时的用料一样。不易拣出的调料要用纱布包好。将主料切小、洗净，放入锅内，加入调料，加上清水（略多于正常量），煮熟主料后，将肉食捞出食用，拣出调料，滤净杂质所得汤汁即为老汤之"始祖"。

将汤盛于搪瓷缸内，晾凉后放入电冰箱内保存。第二次炖鸡、肉或排骨时，取出倒在锅中，放主料并加上述调料（用量减半），再添适量清水（水量依老汤的多少而定，但总量要略多于正常量）。炖熟主料后，依上述方法留取汤汁即可，如此反复，就可得到老汤了。这种老汤既可炖肉，亦可炖鸡，如此反复使用多次后，炖出的肉食味道极美，且炖鸡有肉香、炖肉有鸡味，妙不可言。

2.老汤的保存

家庭保存老汤量依人口多少而定，每次得老汤500~1000毫升即可。保存老汤时，一定要清除汤中杂质，凉透后放入冰箱内。盛器最好用大搪瓷杯，保证汤汁不与容器发生化学反应。容器要有盖，外面再套上塑料袋，放在冷藏室，5天内不会变质。如每周吃一次炖鸡或炖肉，则对老汤不必专门再煮沸杀菌。如较长时间不用老汤，放在冷冻室内可保存3周，否则应煮沸杀菌后再继续保存。

01

养心润肺汤

养心润肺汤 x 喝出好身体

秋冬季节，很多人感到燥热，身体也有种种不适，例如干咳和心神不宁等。这不仅仅是季节原因，妇女进入更年期、心肺功能变差时，也常常感到肢体困倦、气弱乏力、食欲不佳、心烦不眠和口干口渴。常喝养心润肺汤可以养心安神、滋阴润肺，让多种季节性疾病及更年期症状不再是生活的困扰。

西洋菜北杏瘦肉汤

材料
西洋菜、北杏仁、猪瘦肉250克，
姜各适量

调味料
食盐5克，鸡精3克

做法
❶ 猪瘦肉洗净，切块；西洋菜、北杏仁洗净；姜洗净，切片。
❷ 将猪瘦肉放入沸水中氽去血污，捞出洗净。
❸ 锅中注水，烧沸后放入猪瘦肉、北杏仁、西洋菜、姜片，大火烧沸后以小火炖1.5小时，调入食盐、鸡精，稍炖即可食用。

甘麦红枣瘦肉汤

材料
甘草、小麦、红枣各适量，猪瘦肉400克

调味料
食盐5克

做法
❶ 猪瘦肉洗净，切块，氽去血水；甘草、小麦、红枣洗净。
❷ 猪瘦肉、甘草、小麦、红枣放入沸水锅中，以小火炖2小时。
❸ 调入食盐调味即可食用。

莲子百合干贝煲瘦肉

材料

猪瘦肉300克，莲子、百合、干贝、姜片各少许

调味料

食盐、鸡精各5克

做法

❶ 猪瘦肉洗净，切块；莲子洗净，去心；百合洗净；干贝洗净，切丁；姜洗净，切片。

❷ 猪瘦肉放入沸水中，汆去血水后捞出洗净。

❸ 锅中注水，烧沸，放入猪瘦肉、莲子、百合、干贝、姜片慢炖2小时，加入食盐和鸡精调味即可。

杏仁白果煲瘦肉

材料

猪瘦肉200克，木瓜75克，白果10颗，杏仁5克，枸杞子少许

调味料

高汤适量，食盐5克

做法

❶ 将猪瘦肉洗净，切块；木瓜去皮、籽，洗净切块；白果、杏仁洗净备用。

❷ 净锅上火，倒入高汤，放入猪瘦肉、木瓜、枸杞子、白果、杏仁煲熟，加入食盐调味即可。

百合桂圆瘦肉汤

材料
猪瘦肉300克，百合、桂圆各20克，姜适量
调味料
食盐5克

做法
1. 猪瘦肉洗净，切块；桂圆去壳；百合洗净；姜洗净，切片。
2. 猪瘦肉汆去血水，捞出洗净。
3. 锅中注水，烧沸，放入猪瘦肉、桂圆、百合、姜片，大火烧沸后以小火慢炖1.5小时，加入食盐调味，出锅装入炖盅即可。

罗汉果猪蹄汤

材料
猪蹄100克，罗汉果、杏仁各适量
调味料
食盐2克，姜片5克
做法
1. 猪蹄洗净；杏仁、罗汉果均洗净。
2. 锅里加清水烧开，将猪蹄放入汆净血渍，捞出洗净。
3. 把姜片放进砂锅中，注入清水烧开，放入杏仁、罗汉果、猪蹄，大火烧沸后转小火炖3小时，加入食盐调味即可。

无花果瘦肉汤

材料

猪瘦肉300克，无花果、山药、姜各少许

调味料

食盐6克，鸡精5克

做法

❶ 猪瘦肉洗净，切块；无花果洗净；山药洗净，去皮，切块；姜洗净，切片。

❷ 猪瘦肉氽水备用。

❸ 将猪瘦肉、无花果、山药、姜片放入锅中，加适量清水，大火烧沸后以小火慢炖至山药酥软，加入食盐和鸡精调味即可。

雪梨甘蔗煲猪胰

材料

雪梨、甘蔗各30克，粉葛50克，猪胰80克

调味料

食盐3克，味精适量

做法

❶ 雪梨洗净切块，去核；甘蔗洗净斩段，劈成小块；粉葛去皮洗净，切块；猪胰洗净。

❷ 锅内注清水烧开，放入猪胰氽出血水，捞出切成小块。

❸ 将砂锅内注入清水，烧开后加入所有食材，大火烧沸后改小火煲煮2小时，调入食盐、味精调味即可。

苹果雪梨瘦肉汤

材料
猪瘦肉300克，苹果、雪梨各1个，板栗、南杏仁各适量

调味料
食盐3克，鸡精2克

做法
1. 猪瘦肉洗净，切块；苹果、雪梨洗净，切块；板栗去壳；南杏仁洗净。
2. 将猪瘦肉氽水，去除血污，捞出洗净。
3. 将猪瘦肉、苹果块、雪梨块、板栗、南杏仁放入锅中，加入适量清水，小火慢炖，待板栗酥软后，调入食盐和鸡精调味即可食用。

核桃沙参姜汤

材料
核桃仁50克，沙参20克，姜4片

调味料
红糖5克

做法
1. 将核桃仁冲洗干净；沙参洗净。
2. 砂锅内放入核桃仁、沙参和姜片。
3. 加入清水，用小火煮40分钟，加入红糖即可。

胡萝卜红枣猪肝汤

材料

胡萝卜300克，红枣10颗，猪肝200克

调味料

食盐、花生油、料酒各适量

做法

❶ 胡萝卜洗净，去皮切块，炒锅注油略炒后盛出；红枣洗净。

❷ 猪肝洗净切片，放入食盐、料酒腌渍，炒锅注油略炒后盛出。

❸ 把胡萝卜、红枣放入锅内，加足量清水，大火煮沸后以小火煲至胡萝卜熟软，放入猪肝再煲沸，加入食盐调味即可。

黑木耳炖田鸡

材料

水发黑木耳50克，田鸡500克，熟香肠50克

调味料

食盐、料酒、白醋、姜末、花生油、葱花各适量

做法

❶ 田鸡去皮、去内脏，切块，放入碗内，加入食盐、料酒腌渍；香肠切片；黑木耳洗净，撕小片。

❷ 油锅烧热，放入姜末、葱花煸香，加入适量清水，入香肠、田鸡块、黑木耳、料酒，大火烧沸后改用小火炖至熟烂，加入食盐、白醋调味即成。

冬虫夏草猪心汤

材料

冬虫夏草2条，猪心1个，人参片10片，枸杞子少许

调味料

食盐、鸡精、味精各适量

做法

❶ 猪心洗净，切片，氽去血污；冬虫夏草、人参片均洗净浮尘。

❷ 将猪心、冬虫夏草、人参片、枸杞子放入炖盅，加入适量清水。

❸ 炖盅置于火上，炖好后加入调味料调味即可。

桂参红枣猪心汤

材料

桂枝5克，党参10克，红枣6颗，猪心半个

调味料

食盐适量

做法

❶ 将猪心挤去血水，放入沸水中氽烫，捞出冲洗干净，切片。

❷ 桂枝、党参、红枣分别洗净放入锅中，加入3碗清水，以大火烧沸，转小火续煮30分钟。

❸ 再转中火让汤汁沸腾，放入猪心片，待水再开，加入食盐调味即可。

麦枣甘草排骨汤

材料

小麦100克，红枣10颗，甘草15克，白萝卜250克，猪排骨250克

调味料

食盐10克

做法

❶ 小麦淘净，以清水浸泡1小时，沥干；红枣、甘草洗净。

❷ 猪排骨洗净斩块，氽水，捞起洗净；白萝卜削皮，洗净，切块。

❸ 将所有材料放入锅中，加1000毫升水，以大火煮沸后转小火炖约40分钟，加入食盐调味即可。

冬瓜干贝老鸭汤

材料

冬瓜500克，干贝50克，老鸭1只，猪瘦肉200克

调味料

陈皮1片，食盐少许

做法

❶ 干贝泡软，洗净；冬瓜连皮洗净，切厚块；猪瘦肉和陈皮分别洗净，猪瘦肉切块。

❷ 老鸭去内脏，洗净，去鸭头和尾部不用，剁块，氽烫5分钟，沥干。

❸ 汤锅中倒入适量清水，煲至水开时放入所有材料，改中火继续煲3小时，加食盐调味即可。

黑豆红枣莲藕猪蹄汤

材料

莲藕200克，黑豆25克，红枣适量，猪蹄150克，当归3克，葱花少许

调味料

清汤适量，食盐6克，姜片3克

做法

❶ 将莲藕洗净切成块；猪蹄洗净剁块；黑豆、红枣洗净浸泡20分钟；当归洗净备用。

❷ 净锅上火倒入清汤，放入姜片、当归，调入食盐烧开，放入猪蹄、莲藕、黑豆、红枣煲至熟，撒上葱花即可。

霸王花猪骨汤

材料

猪骨150克，霸王花、红枣、杏仁各适量

调味料

食盐3克，姜片4克

做法

❶ 霸王花泡发洗净；红枣、杏仁均洗净；猪骨洗净斩块。

❷ 净锅入水烧沸，放入猪骨氽尽血水，捞出洗净。

❸ 将猪骨、红枣、杏仁、姜片放入瓦煲，注入适量清水，大火烧开，放入霸王花，改小火煲1.5小时，加入食盐调味即可。

白果猪肺汤

材料

白果少许，猪肺150克，姜片、香菜各适量

调味料

食盐3克

做法

❶ 猪肺洗净，切成块；白果去壳洗净，泡发去心；香菜洗净切段。

❷ 净锅入水烧沸，放入猪肺余尽表面血渍，倒出洗净。

❸ 将白果、猪肺、姜片放入瓦煲，加适量清水，大火烧开后改小火煲2小时，加入食盐调味，撒上香菜即可。

蜜枣白菜羊肉汤

材料

白菜100克，羊肉300克，蜜枣、南杏仁各适量，香菜叶10克

调味料

食盐4克，鸡精3克

做法

❶ 羊肉洗净，切块，余水；白菜洗净，切段；南杏仁洗净备用；香菜洗净；蜜枣洗净备用。

❷ 汤锅中放入羊肉、白菜、蜜枣、南杏仁，加入适量清水，大火烧沸后转小火炖2小时。

❸ 调入盐和鸡精调味，撒上香菜叶即可。

银耳猪骨汤

材料
猪脊骨750克，银耳50克，青木瓜1个，红枣10颗

调味料
食盐8克

做法
❶ 猪脊骨洗净，斩大块，汆去血污，冲净备用；木瓜去皮、籽，洗净，切块。
❷ 银耳用水浸开，洗净，摘小朵；红枣洗净。
❸ 把猪脊骨、木瓜、红枣放入清水锅内，大火煮滚后改小火煲1小时，放入银耳，再煲1小时，最后加入食盐调味即可。

冬瓜柿饼煲猪蹄

材料
猪蹄100克，柿饼、冬瓜各适量

调味料
食盐2克，姜片3片

做法
❶ 猪蹄洗净，剁成块；冬瓜洗净，切成片。
❷ 热锅入水烧沸，将猪蹄放入，汆尽血水，捞出洗净。
❸ 将猪蹄、姜片放入瓦煲内，注入适量清水，大火烧开后放入冬瓜、柿饼，转小火煲1.5小时，加入食盐调味即可。

生地黄煲猪骨

材料
生地黄20克，猪骨500克，姜50克
调味料
食盐5克，味精3克

做法
① 猪骨洗净，斩成小段；生地黄洗净；姜去皮洗净，切成片。
② 将猪骨放入炒锅中炒至断生，捞出备用。
③ 取一炖盅，放入猪骨、生地黄、姜和适量清水，隔水炖60分钟，加入食盐、味精调味即可。

西洋参芡实排骨汤

材料
西洋参、芡实各适量，猪排骨200克
调味料
食盐3克
做法
① 西洋参、芡实均洗净，泡发15分钟。
② 猪排骨洗净，斩块，汆去血水，洗净备用。
③ 砂锅注水，放入猪排骨、西洋参、芡实，大火烧开后改为小火煲3小时，加入食盐调味即可。

南北杏无花果煲排骨

材料

南杏仁、北杏仁各10克，无花果适量，猪排骨200克

调味料

食盐3克，鸡精4克

做法

❶ 猪排骨洗净，斩成块；南杏仁、北杏仁、无花果均洗净。

❷ 净锅加水烧开，放入猪排骨汆尽血渍，捞出洗净。

❸ 砂锅内注入适量清水烧开，放入猪排骨、杏仁、无花果，用大火煲沸后改小火煲2小时，加入食盐、鸡精调味即可。

玉米马蹄猪骨汤

材料

玉米1个，马蹄50克，猪骨600克，胡萝卜1根

调味料

冰糖适量

做法

❶ 猪骨洗净，斩块，放入开水中汆烫，捞出以洗净备用。

❷ 玉米洗净，切小段；胡萝卜去皮，洗净，切块；马蹄去皮，洗净备用。

❸ 锅中倒入1600毫升清水烧开，放入所有材料，大火煮沸后再改小火慢煲2.5小时，待汤色转为浅白时，放入冰糖调味即可。

党参麦冬瘦肉汤

材料
党参40克，麦冬10克，猪瘦肉300克，山药、红枣各适量

调味料
食盐4克，鸡精3克，姜适量

做法
1 猪瘦肉洗净，切块；党参、麦冬分别洗净；山药、姜洗净，去皮，切片。
2 猪瘦肉氽去血污，洗净后沥干水分。
3 锅中注水，烧沸，放入猪瘦肉、党参、红枣、麦冬、山药、姜，用大火煮，待山药变软后改小火炖至熟烂，加入食盐和鸡精调味即可。

白萝卜牛肉汤

材料
白萝卜200克，牛肉300克

调味料
食盐4克，香菜段3克

做法
1 白萝卜洗净去皮，切块；牛肉洗净切块，氽水后沥干。
2 净锅注水，放入牛肉和白萝卜煮沸，转小火熬约35分钟。
3 加入食盐调好味，撒上香菜即可。

甘蔗胡萝卜猪骨汤

材料

甘蔗100克，胡萝卜50克，猪骨150克，杏仁适量

调味料

食盐、白糖各适量

做法

1. 猪骨洗净，斩块；胡萝卜洗净，切小块；甘蔗去皮洗净，切成小段。
2. 净锅注水烧沸，放入猪骨氽去血水，取出洗净。
3. 将猪骨、胡萝卜、甘蔗、杏仁放入炖盅，注入清水，大火烧沸后改为小火煲煮2小时，加入食盐、白糖调味即可。

芥菜南北杏猪肺汤

材料

芥菜、南杏仁、北杏仁、猪肺各适量

调味料

食盐3克

做法

1. 猪肺洗净，切块；芥菜洗净；南杏仁、北杏仁洗净。
2. 净锅入水烧沸，放入猪肺，氽尽血渍，捞出洗净。
3. 将猪肺和杏仁放入炖盅内，加清水后大火烧开，改小火煲2小时，再放入芥菜煮熟，加食盐调味即可。

霸王花猪肺汤

材料

霸王花（干品）50克，猪肺750克，猪瘦肉300克，红枣3颗，南杏仁、北杏仁各10克

调味料

食盐5克，花生油、姜各适量

做法

❶ 霸王花浸泡1小时，洗净；红枣洗净；姜洗净，去皮切片。

❷ 猪肺注水，挤压，反复多次，直至血水去尽、猪肺变白，切成块状，余水；净锅注油，先爆香姜片，再将猪肺干爆5分钟左右；猪瘦肉洗净，切块，余水；杏仁洗净。

❸ 将适量清水放入瓦煲内，煮沸后加入所有原材料，大火煲滚后改用小火煲3小时，加入食盐调味即可。

霸王花蜜枣猪肺汤

材料

霸王花、蜜枣各适量，猪肺200克

调味料

食盐2克，花生油4毫升

做法

❶ 猪肺洗净，切成大块；霸王花洗净；蜜枣洗净泡发，切成薄片。

❷ 净锅入水烧开，余尽猪肺上的血渍，捞出洗净。

❸ 将猪肺、蜜枣放进炖盅，注入清水，大火烧开，放入霸王花，改小火煲2小时，加入食盐、花生油调味即可。

猪肺炖白萝卜

材料

猪肺300克，白萝卜250克，杏仁20克，姜丝适量

调味料

食盐5克，味精3克，香油5毫升

做法

❶ 猪肺挑除血丝气泡，余水洗净，切成小块；白萝卜洗净切块；杏仁洗净。

❷ 将所有材料放于砂锅中，注入清水600毫升，加入姜丝，烧开后撇去浮沫，转小火炖至熟烂。

❸ 放入食盐、味精、香油调味即可。

甘蔗猪骨汤

材料

甘蔗100克，猪骨200克，陈皮适量

调味料

食盐适量

做法

❶ 甘蔗去皮洗净，切成小段；猪骨洗净斩块；陈皮洗净泡发。

❷ 净锅注水烧开，放入猪骨余尽血水，捞出洗净。

❸ 甘蔗、陈皮、猪骨放入瓦煲内，注入适量清水，大火烧开后改小火煲2小时，加入食盐调味即可。

白菜猪肺汤

材料

猪肺100克，白菜干、白菜、蜜枣、杏仁各适量

调味料

食盐3克

做法

❶ 猪肺洗净，切块；白菜干泡发，洗净；白菜洗净，切片；蜜枣洗净，切薄片；杏仁洗净。

❷ 净锅注水烧开，放入猪肺汆尽血渍，捞出洗净。

❸ 将猪肺、白菜干、蜜枣、杏仁放入瓦煲，注入清水后大火烧开，改小火煲2小时，放入白菜煮熟，加入食盐调味即可。

白萝卜杏仁猪肺汤

材料

猪肺150克，白萝卜100克，红枣、杏仁各少许

调味料

食盐、鸡精各3克

做法

❶ 猪肺洗净，切小块；白萝卜洗净，切块；红枣洗净，切开去核；杏仁洗净。

❷ 净锅注水烧开，放入猪肺汆尽表皮血渍，捞出洗净。

❸ 将猪肺、红枣、杏仁、白萝卜放入瓦煲，注入清水，大火烧开后改小火炖煮1.5小时，加入食盐、鸡精调味即可。

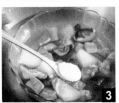

南杏白萝卜炖猪肺

材料

南杏仁4克，白萝卜100克，猪肺250克，上汤1碗半，花菇50克

调味料

姜2片，食盐6克，味精3克

做法

❶ 猪肺反复冲洗干净，切成大块；南杏仁、花菇浸透洗净；白萝卜洗净，带皮切成中块。

❷ 将以上用料连同1碗半上汤、姜片放入炖盅，盖上盅盖，隔水炖之，先用大火炖30分钟，再用中火炖50分钟，后用小火炖1小时即可。

❸ 炖好后加入食盐、味精调味即可。

白菜干猪肺汤

材料

猪肺100克，白菜干50克

调味料

食盐3克，鸡精适量

做法

❶ 猪肺洗净，切成块；白菜干泡发，洗净。

❷ 净锅入水烧开，将猪肺氽尽血渍，捞出洗净。

❸ 把猪肺、白菜干放入瓦煲，注入清水后用大火烧开，改小火炖煮1.5小时，加入食盐、鸡精调味即可。

白菜猪肠汤

材料

白菜、白菜干、杏仁、红枣各适量，猪肠150克

调味料

食盐3克，姜片少许

做法

❶ 猪肠洗净，切段；白菜洗净；白菜干泡发，洗净切段；杏仁、红枣均洗净。

❷ 将猪肠、白菜干、杏仁、红枣、姜片放入砂锅内，注入清水后大火烧开，改小火煲煮1.5小时。

❸ 放入白菜煮熟，加入食盐调味即可。

萝卜炖猪骨汤

材料

白萝卜、胡萝卜各300克，猪骨800克

调味料

食盐3克，葱花10克，白醋少许

做法

❶ 猪骨洗净砸开，氽水去血污，洗净备用；白萝卜去皮，洗净，切块；胡萝卜洗净，切块。

❷ 猪骨和白萝卜、胡萝卜放入高压锅内，放入适量清水，滴几滴白醋，压阀炖30分钟。

❸ 放入适量食盐调味，撒上葱花即可。

白菜叶猪肺汤

材料

熟猪肺250克，白菜叶45克，杏仁25克，红辣椒圈适量

调味料

食盐6克

做法

❶ 将熟猪肺切片；白菜叶洗净撕成小片；杏仁洗净备用。

❷ 净锅上火，倒入清水，放入熟猪肺、白菜叶、杏仁煲至熟，加入食盐调味，加入红辣椒圈即可。

丝瓜排骨汤

材料

丝瓜1条，猪排骨200克，杏仁适量

调味料

食盐3克，姜片5克

做法

❶ 丝瓜去皮，洗净，切成段；杏仁洗净。

❷ 猪排骨洗净，斩块，氽水。

❸ 砂锅注水，放入姜片、猪排骨用大火煲沸，放入丝瓜、杏仁，改小火炖2小时，加入食盐调味即可。

白菜胡萝卜猪肺煲

材料

白菜叶100克，胡萝卜50克，熟猪肺175克，葱花、红辣椒圈各少许

调味料

老抽适量

做法

❶ 将熟猪肺切块；白菜叶洗净，撕成块；胡萝卜去皮洗净，切块备用。

❷ 净锅上火倒入清水，放入熟猪肺、白菜叶、胡萝卜煲至熟，加老抽调味，撒上葱花、红辣椒圈即可。

甜草猪肺汤

材料

水发甜草根10克，猪肺200克，雪梨、水发百合各10克，红辣椒圈、葱花各少许

调味料

食盐、白糖各4克

做法

❶ 将猪肺洗净，切片，氽水；水发甜草根洗净；雪梨洗净切丝；水发百合洗净备用。

❷ 净锅上火入水，烧开，放入猪肺、水发甜草根、雪梨、水发百合煲至熟，加入食盐、白糖调味，撒上红辣椒圈、葱花即可。

胡萝卜排骨汤

材料

胡萝卜350克，猪排骨150克，葱花少许

调味料

食盐6克

做法

❶ 将胡萝卜去皮，洗净切滚刀块；猪排骨洗净，斩块备用。

❷ 净锅注水，倒入猪排骨烧开，撇去浮沫，放入胡萝卜，转小火煲至熟，加食盐调味，撒上葱花即可。

莲子猪心汤

材料

莲子（不去心）60克，猪心1个，红枣15克，枸杞子15克

调味料

食盐适量

做法

❶ 猪心入锅中加水煮熟；红枣、莲子、枸杞子泡发洗净。

❷ 将煮好的猪心洗净，切成片。

❸ 把全部材料放入砂锅中，加适量清水，小火煲2小时，加入食盐调味即可。

西红柿莲子咸肉汤

材料

猪瘦肉50克，西红柿200克，莲子25克，胡萝卜30克

调味料

花生油少许，食盐8克，葱1根

做法

❶ 猪瘦肉洗净，抹干水，用食盐抹匀，腌渍12小时，然后洗净切小块。

❷ 西红柿洗净，切块；胡萝卜去皮，洗净，切厚块；葱洗净，切葱花；莲子洗净，去莲心。

❸ 将咸肉、胡萝卜、莲子放入清水锅内，大火煮沸后改小火煲20分钟，加入西红柿再煲5分钟，放入葱花，加入花生油、食盐调味即可。

鸡骨草猪肺汤

材料

鸡骨草100克，猪肺350克，红枣8颗，高汤适量

调味料

食盐少许，味精3克

做法

❶ 将猪肺洗净切片；鸡骨草、红枣分别洗净。

❷ 净锅上火倒入水，放入猪肺汆去血渍，捞出冲净备用。

❸ 净锅上火，倒入高汤，放入猪肺、鸡骨草、红枣，大火烧开后转小火煲至熟，加入食盐、味精调味即可。

椰子肉银耳煲乳鸽

材料

椰子肉100克，银耳10克，乳鸽1只，红枣、枸杞子各适量

调味料

食盐少许

做法

① 乳鸽治净；银耳泡发洗净；红枣、枸杞子均洗净，浸水10分钟。

② 热锅注水烧开，放入乳鸽汆尽血渍，捞起。

③ 将乳鸽、红枣、枸杞子放入炖盅，注水后以大火煲沸，放入椰子肉、银耳，小火煲煮2小时，加入食盐调味即可。

白果炖乳鸽

材料

白果20克，乳鸽1只，枸杞子20克，火腿片2克

调味料

食盐5克，味精2克，胡椒粉适量，绍酒10毫升，姜10克

做法

① 将白果去外壳，浸泡一夜，去心；枸杞子去果柄、杂质，洗净；乳鸽治净，斩块；姜洗净，拍松。

② 锅中注水烧开，放入乳鸽汆去血水，捞出洗净。

③ 将白果、乳鸽、枸杞子、火腿片、绍酒、姜一同放入炖锅内，加适量清水，置大火上烧沸，再用小火炖1小时，加入食盐、味精、胡椒粉调味即成。

木瓜花生鸡爪汤

材料

木瓜150克，花生仁50克，鸡爪250克

调味料

食盐4克，鸡精3克

做法

❶ 鸡爪洗净，氽水；木瓜洗净，去皮、籽，切块；花生仁洗净，浸泡。

❷ 将鸡爪、木瓜、花生仁放入锅中，加入适量清水，大火烧沸后转小火慢炖。

❸ 至木瓜变色熟软后，调入食盐、鸡精即可。

百合白果鸽子煲

材料

水发百合30克，白果10颗，鸽子1只，红辣椒圈少许

调味料

食盐少许，葱花2克

做法

❶ 将鸽子杀洗干净，斩块，氽水；水发百合洗净；白果洗净备用。

❷ 净锅上火倒入清水，放入鸽子、水发百合、白果煲至熟，加入食盐调味，撒上葱花、红辣椒圈即可。

百合鸡心汤

材料

百合、山药各适量，鸡心200克，枸杞子10克

调味料

食盐3克，鸡精2克

做法

❶ 鸡心洗净，切块；百合洗净，浸泡；山药洗净，去皮，切片；枸杞子洗净，浸泡。

❷ 锅中烧水，放入鸡心微煮，捞出沥干水分。

❸ 锅中放入鸡心、百合、山药、枸杞子，加入适量清水，大火烧沸后转小火炖1小时，调入食盐和鸡精调味即可。

苹果杏仁生鱼汤

材料

生鱼1条，苹果1个，干山药、杏仁、枸杞子各适量

调味料

食盐少许，姜2片

做法

❶ 生鱼宰杀治净，切段；苹果洗净，切块；干山药、杏仁均洗净；枸杞子泡发洗净。

❷ 锅内加清水煮沸后加入生鱼、姜片；待水再次烧开，放入苹果、干山药、杏仁、枸杞子，用中火炖45分钟，加入食盐调味。

黄芪羊肉汤

材料

黄芪15克，羊肉200克，山药50克

调味料

食盐、味精、香油、葱末、料酒、姜丝各适量

做法

❶ 将黄芪洗净，切成丝；羊肉洗净，切片；山药去皮洗净，切块。

❷ 砂锅内加适量水，放入黄芪、羊肉片、山药、姜丝、葱末、料酒，大火烧沸后改用小火煮40~50分钟。

❸ 调入食盐、味精、香油即可。

马齿苋杏仁瘦肉汤

材料

马齿苋50克，杏仁20克，猪瘦肉150克

调味料

食盐适量

做法

❶ 马齿苋摘取嫩枝洗净；猪瘦肉洗净，切块，汆去血水；杏仁洗净。

❷ 将所有材料一起放入锅内，加适量清水。

❸ 大火煮沸后，改小火煲2小时，加入食盐调味即可。

冬瓜荷叶薏米猪排骨汤

材料

冬瓜、荷叶、薏米各适量，猪排骨350克

调味料

食盐3克，鸡精4克

做法

1. 冬瓜洗净，切块；荷叶洗净，撕片；薏米洗净，浸泡30分钟。
2. 猪排骨洗净，剁成小块，氽去血水。
3. 将猪排骨、薏米放入瓦煲内，注入适量清水，大火烧沸，再放入冬瓜、荷叶，改小火炖煮2小时，加入食盐、鸡精调味即可。

杏仁白菜猪肺汤

材料

杏仁20克，白菜50克，猪肺750克，黑枣5粒

调味料

姜2片，食盐5克

做法

1. 杏仁洗净，以温水浸泡，去皮、尖；黑枣、白菜洗净。
2. 猪肺注水、挤压，反复多次，直到血水去尽、猪肺变白，切成块状，氽水；炒锅中放姜，将猪肺爆炒5分钟左右。
3. 将清水2000毫升放入瓦煲内，再放入备好的所有材料，大火煲开后改用小火煲3小时，加入食盐调味即可。

霸王花猪脊骨汤

材料

霸王花、白萝卜各适量，猪脊骨300克

调味料

食盐3克，姜片5克

做法

1. 猪脊骨洗净，斩段；霸王花泡发洗净，切段；白萝卜洗净，切块。
2. 净锅注水烧开，放入脊骨汆尽血渍，捞出洗净。
3. 将猪脊骨、姜片放入瓦煲，注入清水，大火烧开，放入霸王花、白萝卜，改为小火煲炖2小时，加入食盐调味即可。

金银花蜜枣煲猪肺

材料

金银花适量，蜜枣2颗，猪肺200克

调味料

食盐、鸡精各适量

做法

1. 猪肺洗净，切成小块；蜜枣洗净，去核；金银花洗净。
2. 净锅注水烧开，汆去猪肺上的血渍后捞出，清洗干净。
3. 将猪肺、蜜枣放入瓦煲，加入适量清水，大火烧开后放入金银花，改小火煲2小时，加入食盐、鸡精调味即可。

雪梨银耳猪肺汤

材料

雪梨15克，水发银耳10克，熟猪肺200克，木瓜30克，枸杞子、葱各适量

调味料

食盐4克，白糖5克

做法

❶ 将熟猪肺切方丁；木瓜、雪梨洗净去皮去籽，切方丁；水发银耳洗净，撕成小朵备用；葱洗净，切段；枸杞子洗净备用。

❷ 净锅上火，倒入清水，放入熟猪肺、木瓜、雪梨、水发银耳、枸杞子、葱段煲至熟，调入白糖、食盐搅匀即可。

白果猪脊骨汤

材料

白果150克，猪脊骨125克，桑白皮5克，茯苓3克，红辣椒2克

调味料

清汤适量，食盐6克，葱花、姜片各3克

做法

❶ 将白果去除硬壳，用温水浸泡洗净；猪脊骨洗净斩块，汆去血水备用；红辣椒洗净切丁备用。

❷ 净锅上火倒入清汤，放入姜片、红辣椒丁、桑白皮、茯苓，放入白果、猪脊骨煲至熟，调入食盐，撒上葱花即可。

天山雪莲金银花炖瘦肉

材料

猪瘦肉300克，天山雪莲、金银花、干贝、山药、姜、葱各适量

调味料

食盐5克，鸡精4克

做法

❶ 猪瘦肉洗净，切块；天山雪莲、金银花、干贝洗净；山药洗净，去皮，切片；姜洗净，切片；葱洗净切段。

❷ 将猪瘦肉氽水，捞出洗净。

❸ 将猪瘦肉、天山雪莲、金银花、干贝、山药、姜片放入锅中，加入清水用小火炖2小时，放入食盐和鸡精调味即可。

白萝卜猪展汤

材料

白萝卜80克，猪展130克，香菜叶、姜各适量

调味料

食盐2克

做法

❶ 白萝卜洗净去皮，切块；猪展洗净切成小块；香菜洗净；姜洗净去皮切片。

❷ 锅中注水烧开，猪展入沸水中氽去血水后捞出。

❸ 取一个砂锅，将白萝卜、猪展、姜片一同放入，加清水大火煮沸后改小火炖煮2小时，加食盐调味后盛出，用香菜叶点缀即可。

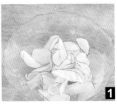

海底椰参贝瘦肉汤

材料

海底椰150克，西洋参、川贝母各10克，猪瘦肉400克，蜜枣2颗

调味料

食盐5克

做法

❶ 海底椰、西洋参、川贝母洗净。

❷ 猪瘦肉洗净，切块，余水；蜜枣洗净。

❸ 将食材全部放入锅内，注入沸水700毫升，加盖，煲4小时，加入食盐调味即可。

白萝卜青榄猪肺汤

材料

白萝卜150克，青榄1个，猪肺200克，香菜少许

调味料

食盐3克

做法

❶ 猪肺洗净，切块；白萝卜洗净，切块；青榄洗净。

❷ 净锅注水烧开，放入猪肺余尽血渍，捞出洗净。

❸ 将猪肺、白萝卜、青榄放入瓦煲内，注入清水，大火烧开，再用小火煲煮1.5小时，加入食盐调味，撒上香菜即可。

苹果马蹄鲫鱼汤

材料

苹果、马蹄各100克，鲫鱼300克，蜜枣2个

调味料

食盐少许，花生油适量

做法

❶ 鲫鱼治净斩段，过油煎香；苹果洗净，去核切块；马蹄去皮洗净；蜜枣洗净。

❷ 汤锅加入适量清水，将上述食材全部放入锅中，用大火煮沸。

❸ 撇去浮沫，转小火慢炖2小时，出锅前调入食盐即可。

无花果煲猪肚

材料

无花果20克，猪肚1个，蜜枣适量

调味料

食盐、鸡精、白醋、胡椒、老姜各适量

做法

❶ 猪肚加入食盐、白醋反复擦洗，用清水冲净；无花果、蜜枣洗净；胡椒稍研碎；姜洗净，去皮切片。

❷ 锅中注水烧开，将猪肚氽去血沫后捞出。

❸ 将所有食材一同放入砂锅中，加入清水，大火煲滚后改小火煲2小时，至猪肚软烂后放入食盐、鸡精即可。

02

补血养颜汤

补血养颜汤 x 喝出好气色

　　睡眠不足、工作节奏快、压力大、平时缺乏锻炼容易令人气虚血弱。

　　长期的亚健康状态使人面容憔悴，肤色灰暗。

　　老年人由于气血不足也常常手脚冰冷、面色苍白。

　　补血养颜汤可以改善血虚、血淤等多种血液问题，让人面色红润、精神焕发。

木瓜粉丝牛蛙汤

材料

木瓜450克，粉丝50克，牛蛙400克，姜丝5克

调味料

淀粉3克，白糖5克，味精1克，花生油少许，食盐5克

做法

1. 木瓜去皮洗净，切成块状；粉丝洗净。

2. 牛蛙治净，斩块，用油、姜丝、淀粉、白糖、味精腌30分钟。

3. 将清水800毫升放入瓦煲内，煮沸后放入粉丝、木瓜，煮至木瓜熟后，放入牛蛙，转小火将牛蛙煮熟，加食盐调味即成。

黑豆益母草瘦肉汤

材料

黑豆50克，鲜益母草20克，猪瘦肉250克，枸杞子10克

调味料

食盐5克，鸡精5克

做法

1. 猪瘦肉洗净，切块，氽水；黑豆、枸杞子洗净，浸泡；鲜益母草洗净。

2. 将猪瘦肉、黑豆、枸杞子放入锅中，加入清水慢炖2小时。

3. 放入鲜益母草稍炖，调入食盐和鸡精即可。

核桃仁当归瘦肉汤

材料

猪瘦肉500克，核桃仁、当归、姜、葱各少许

调味料

食盐6克

做法

① 猪瘦肉洗净，切块；核桃仁洗净；当归洗净，切片；姜洗净去皮切片；葱洗净，切段。

② 猪瘦肉入水汆去血水后捞出洗净。

③ 猪瘦肉、核桃仁、当归放入炖盅，加入清水；大火慢炖1小时后，调入食盐，转小火炖熟即可。

黑豆墨鱼瘦肉汤

材料

黑豆50克，墨鱼150克，猪瘦肉300克

调味料

食盐5克，鸡精3克

做法

① 猪瘦肉洗净，切块，汆水；墨鱼洗净，切段；黑豆洗净，用水浸泡。

② 锅中放入猪瘦肉、墨鱼、黑豆，加入清水，炖2小时。

③ 调入食盐和鸡精即可。

海参桂圆瘦肉汤

材料

猪瘦肉350克，海参45克，淡菜、桂圆各20克，枸杞子适量

调味料

食盐、鸡精各5克

做法

❶ 猪瘦肉洗净，切块；淡菜、海参洗净，浸泡；桂圆洗净，去壳去核；枸杞子洗净。

❷ 锅内烧水，待水沸时，放入猪瘦肉汆去血水。

❸ 将猪瘦肉、淡菜、海参、桂圆、枸杞子放入锅中，加入清水，炖2小时后调入食盐和鸡精即可。

木瓜汤

材料

木瓜500克，银耳100克，香菇150克，红枣10颗，黄豆芽200克，胡萝卜少许

调味料

食盐、花生油各适量

做法

❶ 黄豆芽洗净；木瓜去籽，洗净，切条；胡萝卜去皮，洗净，切条；香菇去蒂洗净备用。

❷ 起油锅，将黄豆芽炒香；红枣洗净；银耳泡发洗净。

❸ 将备好的材料放入锅中，注入清水，以中火煮沸后，转小火慢煮60分钟，再加入食盐调味即可。

益母草红枣瘦肉汤

材料

益母草100克，红枣30克，猪瘦肉250克

调味料

食盐、味精各适量

做法

❶ 益母草、红枣洗净。

❷ 猪瘦肉洗净，切块，氽去血渍，捞出洗净。

❸ 把全部材料放入锅内，加适量清水，大火煮沸后，改小火煲2小时，调入调味料即可。

枸杞红枣猪蹄汤

材料

枸杞子5克，红枣少许，猪蹄200克，干山药10克

调味料

食盐3克

做法

❶ 干山药洗净；枸杞子洗净泡发；红枣去核洗净。

❷ 猪蹄洗净，斩块，氽水。

❸ 将适量清水倒入炖盅，大火烧沸后，放入全部食材，改用小火煲3小时，加入食盐调味即可。

鸡爪冬瓜猪蹄汤

材料

鸡爪150克，冬瓜、花生仁各食适量，猪蹄250克

调味料

食盐、鸡精、姜片各适量

做法

① 猪蹄洗净，斩块；鸡爪洗净；冬瓜去瓤，洗净切块；花生仁洗净。

② 净锅注水烧沸，放入猪蹄汆透，捞出洗净。

③ 将猪蹄、鸡爪、姜片、花生仁放入炖盅，注入清水，大火烧开，放入冬瓜，改小火炖煮2小时，加入食盐、鸡精调味即可。

美肤猪脚汤

材料

猪脚200克，胡萝卜100克，姜片3片，人参须、黄芪、麦冬各10克，薏米50克，枸杞子55克

调味料

食盐适量

做法

① 将人参须、黄芪、麦冬分别洗净放入棉布袋中，枸杞子洗净，薏米泡水30分钟，一起放入大锅中备用。

② 猪脚洗净后剁成块，再汆水备用。

③ 胡萝卜洗净切块，同姜片、枸杞子、适量清水入锅，用大火煮沸后转小火，30分钟后将药材包捞出，续熬至猪脚熟透，调入食盐即可。

党参炖猪手

材料

党参15克，猪手50克，香菇150克，枸杞子15克

调味料

绍酒10毫升，食盐3克，味精2克，姜10克，胡椒粉、葱花各适量

做法

1 将党参洗净，润透，切段；猪手洗净，剁块；枸杞子去果柄、杂质，洗净；香菇去蒂头，洗净，切薄片；姜洗净切片。

2 再将猪手放入沸水中氽去血沫后，捞出。

3 将党参、枸杞子、猪手、香菇、姜、绍酒同放炖锅内，加入水，置于大火上烧沸，再用小火炖3小时，调入食盐、味精、胡椒粉，撒入葱花即可。

莲藕红枣猪蹄汤

材料

猪蹄100克，莲藕、红枣、枸杞子各适量

调味料

食盐2克

做法

1 莲藕刮皮，洗净剁块；红枣去核洗净；枸杞子洗净泡发。

2 猪蹄洗净，斩块，氽水。

3 将适量清水注入砂锅内，煮沸后加入以上食材，大火煮沸，改小火煲3小时，加入食盐调味即可。

黑木耳海藻猪蹄汤

材料

猪蹄150克，海藻10克，黑木耳、枸杞子各少许

调味料

食盐、鸡精各3克

做法

1. 猪蹄洗净，斩块；海藻洗净，浸水片刻；黑木耳洗净，泡发撕片；枸杞子洗净泡发。

2. 净锅入水烧开，放入猪蹄，汆尽血水，捞起洗净。

3. 将猪蹄、枸杞子放入砂锅，倒上适量清水，大火烧开，放入海藻、黑木耳，改小火炖煮1.5小时，加入食盐、鸡精调味即可。

肉苁蓉黄精骶骨汤

材料

肉苁蓉15克，黄精15克，猪骶尾骨1副，白果30克，胡萝卜50克

调味料

食盐5克

做法

1. 将猪骶尾骨剁块，放入沸水中汆烫，捞起，冲净后倒入煮锅。

2. 白果洗净；胡萝卜削皮，洗净，切块，和肉苁蓉、黄精一道放入煮锅，加入清水至盖过材料。

3. 以大火煮开，转小火续煮30分钟，加入白果再煮5分钟，加入食盐调味即可。

莲藕红枣瘦肉汤

材料

猪瘦肉、莲藕各150克，红枣20克，葱10克

调味料

食盐5克，鸡精3克

做法

1. 猪瘦肉洗净，切片；莲藕洗净，去皮，切块；红枣洗净；葱洗净，切段。
2. 锅中烧水，放入猪瘦肉汆尽血水。
3. 锅中放入猪瘦肉、莲藕、红枣，加入清水，炖2小时，放入葱段，调入食盐和鸡精即可。

百合猪蹄汤

材料

百合100克，猪蹄1只

调味料

料酒、食盐、味精、葱花、姜片各适量

做法

1. 猪蹄治净，斩成块；百合洗净。
2. 将猪蹄块放入沸水中汆去血水。
3. 将猪蹄、百合入锅，加适量清水，大火煮1小时后，加入调味料略煮即可。

佛手瓜煲猪蹄

材料

佛手瓜200克，猪蹄半只，枸杞子少许

调味料

食盐5克，鸡精3克

做法

1. 将佛手瓜洗净切块；猪蹄洗净斩块，汆水洗净备用。
2. 净锅上火注水，放入猪蹄煲至快熟时，放入佛手瓜、枸杞子续煲至熟，调入食盐、鸡精即可。

丰胸猪蹄煲

材料

猪蹄450克，花生仁20克，红豆18克，红枣4颗，葱花少许

调味料

食盐6克

做法

❶ 将猪蹄洗净，切块；花生仁、红豆、红枣洗净浸泡备用。

❷ 净锅上火入水，倒入猪蹄烧开，撇去浮沫，再放入花生仁、红豆、红枣煲至熟，调入食盐，撒上葱花即可。

莴笋猪蹄汤

材料

莴笋100克，猪蹄200克，胡萝卜30克

调味料

食盐少许，味精、高汤各适量

做法

❶ 将猪蹄洗净斩块，氽去血水；莴笋去皮洗净切块；胡萝卜洗净切块备用。

❷ 锅上火倒入高汤，放入猪蹄、莴笋、胡萝卜块，调入食盐、味精，煲至熟即可。

美容猪蹄汤

材料

猪蹄1只，薏米35克，红辣椒圈、葱丝各少许

调味料

食盐少许

做法

❶ 将猪蹄洗净、切块，氽去血水；薏米洗净备用。

❷ 净锅上火，倒入清水，放入猪蹄、薏米，小火煲65分钟，调入食盐，撒上红辣椒圈、葱丝即可。

参芪枸杞猪肝汤

材料

党参10克，黄芪15克，枸杞子5克，猪肝300克

调味料

食盐6克

做法

❶ 猪肝洗净，切片，氽去血水。

❷ 党参、黄芪洗净，放入煮锅，加2000毫升水以大火煮开，转小火熬成高汤。

❸ 熬约20分钟，转中火，放入枸杞子煮约3分钟，放入猪肝片，待水沸腾，加入食盐调味即可。

桂圆当归猪腰汤

材料

猪腰150克，桂圆肉30克，红枣2颗，姜片适量

调味料

盐1克

做法

❶ 猪腰洗净，切开，除去白色筋膜；红枣、桂圆肉洗净。

❷ 锅中注水烧沸，入猪腰飞水去除血沫，捞出切块。

❸ 将适量清水放入煲内，大火煲滚后加入所有食材，改用小火煲2小时，加盐调味即可。

芡实节瓜煲猪蹄

材料

芡实、莲子、节瓜各适量，猪蹄200克

调味料

食盐3克，姜片5克

做法

1. 猪蹄洗净，剁成块；芡实洗净；莲子去莲心，洗净；节瓜去皮，洗净切块。
2. 净锅入水烧沸，倒入猪蹄，待除去表面血渍后，捞起洗净。
3. 砂锅注入清水，放入姜片，大火烧开，放入猪蹄、芡实、莲子、节瓜，改小火炖煮3小时，加入食盐调味即可。

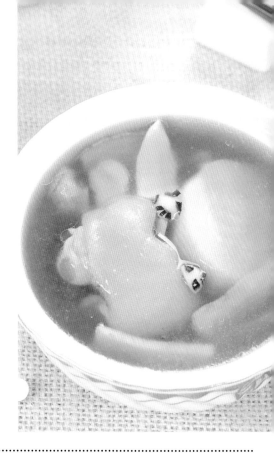

黄豆猪蹄汤

材料

黄豆300克，猪蹄300克，葱1根

调味料

食盐5克，料酒8毫升

做法

1. 黄豆洗净，泡入水中至涨大两三倍；猪蹄洗净，斩块；葱洗净切段。
2. 锅中注水，放入猪蹄汆烫，捞出沥水洗净；黄豆放入锅中加清水适量，大火煮开，再改小火慢煮约4小时，至豆熟。
3. 加入猪蹄，再续煮约1小时，调入食盐和料酒，撒上葱段即可。

猪腱莲藕汤

材料

猪腱肉300克，莲藕125克，香菇10克

调味料

食盐5克，葱花、姜片、红辣椒圈各2克，香油4毫升，花生油适量

做法

① 将猪腱肉洗净，切块，汆水备用；莲藕去皮，洗净，切块；香菇洗净，切块备用。

② 汤锅上火倒入油，将姜片爆香，放入猪腱肉烹炒，倒入清水，倒下入莲藕、香菇，煲至熟，调入食盐，淋入香油，撒上葱花、红辣椒圈即可。

西芹猪蹄汤

材料

西芹100克，猪蹄175克，水发百合125克，红枣1颗

调味料

清汤适量，食盐、葱段、姜片各5克

做法

① 将水发百合洗净；西芹择洗净切段；猪蹄洗净斩块，汆水血水。

② 净锅上火倒入清汤，调入食盐，倒入葱段、姜片、猪蹄烧开，撇去浮沫，再放入水发百合、西芹、红枣煲至熟即可。

当归猪蹄汤

材料

猪蹄200克，红枣5颗，黄豆、花生仁各10克，当归5克，黄芪3克，香菜少许

调味料

食盐5克，白糖2克，八角1个

做法

❶ 将猪蹄洗净、切块，氽水洗净；红枣、黄豆、花生仁、当归、黄芪洗净浸泡备用。

❷ 汤锅上火倒入清水，放入猪蹄、红枣、黄豆、花生仁、当归、黄芪、八角煲至熟，调入食盐、白糖，撒上香菜即可。

木瓜花生排骨汤

材料

猪排骨、木瓜各200克，花生仁80克，枸杞子少许

调味料

食盐3克

做法

❶ 猪排骨洗净，斩块；木瓜去皮，洗净切大块；花生仁、枸杞子均洗净，浸泡15分钟。

❷ 净锅入水烧开，倒入猪排骨氽透，捞出洗净。

❸ 砂锅注水烧开，放入全部食材，用小火煲炖2.5小时，加入食盐调味即可。

章鱼花生猪蹄汤

材料

章鱼干40克，花生仁20粒，猪蹄250克，黄豆芽、枸杞子各5克

调味料

食盐适量

做法

❶ 将猪蹄洗净、切块，氽水备用；章鱼干用温水泡发至回软；花生仁用温水浸泡备用；黄豆芽、枸杞子洗净备用。

❷ 净锅上火倒入清水，调入食盐，放入猪蹄、花生仁煲至快熟时，再放入章鱼干、黄豆芽、枸杞子同煲至熟即可。

萝卜干蜜枣猪蹄汤

材料

萝卜干30克，蜜枣5颗，猪蹄600克

调味料

食盐5克

做法

1. 萝卜干浸泡1小时，洗净，切块；蜜枣洗净。
2. 猪蹄斩块，洗净，汆水，入锅，将猪蹄干爆5分钟。
3. 将清水2000毫升注入瓦煲内，煮沸后加入以上食材，大火煲沸后，改用小火煲3小时，加入食盐调味即可。

章鱼红豆煲猪尾

材料

章鱼、猪尾各70克，红豆10克

调味料

食盐、鸡精各适量

做法

1. 章鱼治净，切片；猪尾洗净，斩段；红豆洗净，浸水片刻。
2. 净锅入水烧开，放入猪尾汆尽血渍，捞起洗净。
3. 将章鱼、猪尾、红豆放入瓦煲，注入清水后以大火烧沸，改小火炖煮2小时，加入食盐、鸡精调味即可。

红绿豆花生猪脚汤

材料

猪脚300克，红豆、绿豆、花生仁各适量

调味料

食盐3克，姜片6克

做法

① 猪脚洗净，斩成小块；红豆、绿豆、花生仁均洗净，浸泡20分钟。

② 净锅注水烧沸，放入猪手氽尽血渍，捞出洗净。

③ 将猪脚、红豆、绿豆、花生仁放入砂锅，倒入适量清水，用大火烧沸后改小火煲3小时，加入食盐调味即可。

木瓜杏仁猪骨汤

材料

木瓜50克，杏仁10克，猪骨100克

调味料

食盐、鸡精各3克，姜10克

做法

① 猪骨洗净，斩块；木瓜去皮，洗净切块；杏仁洗净；姜去皮，洗净切片。

② 净锅注水烧开，倒入猪骨氽去表面血渍，捞出洗净。

③ 将猪骨、杏仁、木瓜、姜片放入瓦煲内，注入清水，大火烧开，改小火炖煮2小时，加入食盐、鸡精调味即可。

当归川芎排骨汤

材料

羌活、独活、川芎、前胡各2.5克，党参15克，当归10克，茯苓5克，甘草5克，枳壳5克，猪排骨250克

调味料

干姜5克，食盐4克

做法

① 将所有药材洗净放入锅中，加1200毫升水熬汁，熬至约剩600毫升，去渣取汁。

② 猪排骨斩块，氽烫，捞起冲净，放入炖锅，加入熬好的药汁和干姜，再注水至盖过材料，以大火煮开。

③ 转小火炖约30分钟，加入食盐调味即可。

虫草红枣炖甲鱼

材料

冬虫夏草10枚，红枣10颗，甲鱼1只（约1000克）

调味料

料酒、食盐、味精、葱段、姜片、蒜瓣、鸡汤各适量

做法

① 将宰好的甲鱼切成4块；冬虫夏草洗净；红枣用开水浸泡。

② 将块状的甲鱼放入锅内氽烫，捞出，割开四肢，剥去腿油，洗净。

③ 甲鱼放入砂锅中，放入冬虫夏草、红枣，加料酒、葱段、姜、蒜、鸡汤，炖2小时，调入食盐、味精，拣去姜，即成。

芦荟猪蹄汤

材料

芦荟20克，猪蹄200克

调味料

食盐、鸡精各适量

做法

① 猪蹄洗净，斩成大块；芦荟去皮，洗净切薄片。

② 净锅入水烧开，放入猪蹄汆尽血水，捞起洗净。

③ 将清水注入瓦煲内，大火烧开，放入猪蹄、芦荟以小火炖煮2小时，加入食盐和鸡精调味即可。

木瓜排骨汤

材料

木瓜300克，猪排骨600克

调味料

食盐5克，味精3克，姜5克

做法

① 将木瓜削皮去籽，洗净切块；猪排骨洗净，斩块，汆去血水；姜洗净切片。

② 木瓜、猪排骨、姜片同放入锅里，加清水适量，用大火煮沸后，改用小火煲2小时。

③ 待熟后，调入食盐、味精即可。

甲鱼猪骨汤

材料

甲鱼200克，猪骨175克，桂圆4颗，枸杞子2克，葱5克

调味料

食盐6克，姜片2克

做法

① 将甲鱼治净斩块，汆去血水；猪骨洗净斩块，汆去血水；葱洗净切段；桂圆肉、枸杞子洗净备用。

② 净锅上火倒入清水，加入姜片烧开，放入甲鱼、猪骨、桂圆肉、枸杞子煲至熟，调入食盐，撒入葱段即可。

山药猪血汤

材料

鲜山药适量，猪血100克

调味料

食盐、花生油、味精各适量

做法

① 鲜山药洗净，去皮，切块。

② 猪血切片，放入开水锅中汆一下捞出。

③ 猪血与山药同放入另一锅内，加入花生油和适量清水烧开，改用小火煮15~30分钟，加入食盐、味精即可。

净面美颜汤

材料

当归10克，山楂10克，白鲜皮10克，白蒺藜10克，乳鸽1只

调味料

食盐5克，味精3克

做法

1. 乳鸽治净，斩成小块，氽去血水。
2. 将药材洗净，加入1000毫升清水，放入锅中以大火煮滚后，转小火煮至约剩2碗水备用。
3. 再将乳鸽放入药汁内，以中火炖煮约1小时，加入食盐、味精调味即可。

西红柿筒骨汤

材料

西红柿100克，筒骨300克

调味料

食盐4克，鸡精1克，白糖2克，葱3克，花生油少许

做法

1. 筒骨洗净剁成块，氽去血水；西红柿洗净切块；葱洗净切末。
2. 锅中倒入少许花生油烧热，放入西红柿略加煸炒，注水加热，下入筒骨煮熟。
3. 加入食盐、鸡精和白糖调味，撒上葱末，即可出锅。

驻颜汤

材料

猪瘦肉300克，紫河车10克，党参25克，黄芪35克

调味料

食盐、香油各适量，味精少许

做法

① 猪瘦肉洗净，切成大块，氽去血水；紫河车洗净。

② 将党参、黄芪洗净，放入炖盅内，加入适量清水，放入装有水的锅内，隔水炖30分钟左右。

③ 再将猪瘦肉、紫河车放入锅内，加入清水，用小火炖2小时，再加入党参黄芪药汁，调入食盐、香油、味精，烧沸即可。

参果炖瘦肉

材料

太子参10克，无花果20克，猪瘦肉25克

调味料

食盐、味精各适量

做法

① 太子参略洗；无花果洗净。

② 猪瘦肉洗净，切片。

③ 把全部材料放入炖盅内，加适量开水，盖好，隔水炖约2小时，调入食盐和味精调味即可。

祛湿润肤汤

材料

土茯苓25克，胡萝卜600克，鲜马蹄10粒，黑木耳20克

调味料

食盐少许

做法

① 将所有材料洗净，胡萝卜、鲜马蹄去皮切块；黑木耳去蒂洗净，切小块。

② 将备好的材料和2000毫升清水倒入砂锅中，以大火煮开后转小火煮约2小时。

③ 再加入食盐调味即可。

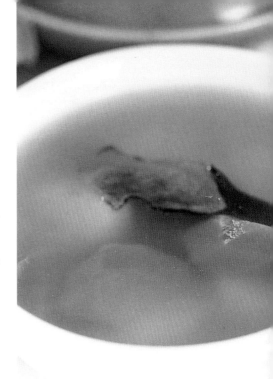

健脾润肤汤

材料

山药25克，薏米50克，枸杞子10克

调味料

冰糖适量，姜3片

做法

① 山药去皮，洗净切块；薏米洗净；枸杞子泡发洗净。

② 备好的材料加水，加姜，以小火煲约1.5小时。

③ 再加入冰糖调味即可。

红枣白萝卜猪蹄汤

材料

红枣、白萝卜各适量，猪蹄200克

调味料

食盐3克

做法

① 猪蹄洗净，斩块；白萝卜洗净，切成块；红枣洗净，浸水片刻。

② 净锅入水烧沸，将猪蹄放入，汆尽血渍，捞起清洗干净。

③ 将猪蹄、红枣放入炖盅，注入清水用大火烧开，放入白萝卜，改小火煲2小时，加入食盐调味即可。

藕节生地排骨汤

材料

猪排骨150克，胡萝卜、莲藕、红枣、生地黄各适量

调味料

食盐3克

做法

① 猪排骨洗净，斩块；胡萝卜、莲藕均洗净，切块；红枣去核，洗净切开；生地黄洗净。

② 净锅注水烧开，将猪排骨汆尽血水，捞出洗净。

③ 砂锅内放入猪排骨、莲藕、红枣、胡萝卜、生地黄，倒入适量清水，大火煲沸后改为小火煲煮3小时，加入食盐调味即可。

黄芪猪脚汤

材料

猪脚1只，黄芪50克，黑枣5颗

调味料

食盐5克，味精3克

做法

① 猪脚治净，斩块，放入沸水中大火煮10分钟，捞出洗净。

② 黄芪剪成丝洗净；黑枣洗净。

③ 把所有材料放入清水锅内，大火煮滚后改小火煲3小时，加入调味料即可。

黄芪猪肝汤

材料

猪肝片200克，菠菜150克，当归1片，黄芪15克，丹参、生地黄各7.5克，姜5片

调味料

米酒半碗，香油、花生油各适量

做法

① 菠菜择洗干净，切段；当归、黄芪、丹参、生地黄洗净，加1500毫升水，熬取药汁备用。

② 油锅烧热，入猪肝片炒至半熟，盛起备用。

③ 将米酒、药汁入锅煮开，入猪肝煮开，再放入菠菜煮开，用米酒、香油调味即可。

扁豆猪蹄汤

材料

猪蹄1只，扁豆100克

调味料

食盐5克，料酒5毫升，胡椒3克

做法

❶ 猪蹄洗净剁块，氽去血水；扁豆洗净泡发。

❷ 净锅上火，放入清水、猪蹄、扁豆，大火煮沸，去除浮沫，调入料酒、胡椒。

❸ 转用小火慢炖2~3小时，调入食盐调味即可。

西红柿土豆脊骨汤

材料

西红柿250克，土豆300克，猪脊骨600克，黑枣5颗

调味料

食盐5克

做法

❶ 西红柿洗净，切去蒂部，切成块；土豆去皮，切成块状；黑枣洗净备用。

❷ 猪脊骨斩块，洗净，氽水。

❸ 将清水2000毫升放入瓦煲内，煮沸后加入以上食材，大火煲沸后，改用小火煲3小时，加入食盐调味即可。

无花果蘑菇猪蹄汤

材料

无花果30克，蘑菇150克，猪蹄1只，葱花、枸杞子各少许

调味料

食盐适量

做法

❶ 将猪蹄洗净，切块，氽水；蘑菇洗净撕条；无花果洗净。

❷ 汤锅里注入适量清水，放入猪蹄、蘑菇、枸杞子、无花果煲至熟，加入食盐调味，撒上葱末即可。

牛膝炖猪蹄

材料

牛膝15克，猪蹄1只，大西红柿1个

调味料

食盐3克

做法

① 猪蹄洗净，剁成块，放入沸水氽烫，捞起冲净。

② 西红柿洗净，在表皮轻划数刀，放入沸水中烫到皮翻开，捞起去皮，切块；牛膝洗净。

③ 将备好的材料一起放入汤锅中，加适量清水，以大火煮开后转小火炖煮1小时，加入食盐调味即可。

花生丁香猪尾汤

材料

猪尾90克，花生仁、丁香、红枣各少许

调味料

食盐3克

做法

① 猪尾洗净，斩成段；丁香、花生仁均洗净。

② 净锅入水烧开，放入猪尾氽透，捞起洗净。

③ 将猪尾、丁香、花生、红枣放入瓦煲内，加适量清水，用大火烧开后改小火煲2.5小时，加入食盐调味即可。

薏米猪蹄汤

材料

薏米200克，猪蹄2只，红枣5克

调味料

葱段、姜块、食盐、料酒、胡椒粉各适量

做法

① 将薏米去杂质后洗净；红枣泡发。

② 猪蹄刮净毛，洗净，斩块，下沸水锅内汆水，捞出沥水。

③ 将薏米、猪蹄、红枣、葱段、姜块、料酒放入锅中，注入清水，烧沸后改用小火炖至猪蹄熟烂，拣出葱，加入胡椒粉和食盐调味即可。

红枣香菇猪肝汤

材料

猪肝220克，红枣6颗，香菇30克，枸杞子、姜各适量

调味料

食盐、鸡精各适量

做法

① 猪肝洗净切片；香菇洗净，用温水泡发；红枣、枸杞子分别洗净；姜洗净，去皮切片。

② 锅中注水烧沸，放入猪肝汆去血沫。

③ 炖盅注入清水，放入所有食材，上蒸笼炖3小时，调入食盐、鸡精即可。

03

保肝护肾汤

护肝又养肾 x 补足精气神

肾脏具有排泄体内代谢产物、药物、毒物，调节体内水电解质平衡，促进酸碱平衡的多种功能。肝主疏通人体内的气，而肝的升发是由肾来协助的，正是由于肾水的滋养，肝木才能正常生长，所以保肝护肾最好同时进行。常食具有这种功能的汤品，可以帮助身体保持健康，令你青春永驻。

冬瓜瘦肉汤

材料

冬瓜100克，猪瘦肉200克，薏米、姜各适量

调味料

食盐6克

做法

① 冬瓜洗净，切片；猪瘦肉洗净，切块；薏米洗净，浸泡；姜洗净，切片。

② 猪瘦肉放入沸水中汆去血水后捞出。

③ 将冬瓜、猪瘦肉、薏米、姜放入锅中，加入适量清水，炖煮1.5小时后放入食盐调味即可。

五味子五加皮炖猪肝

材料

五味子、五加皮各15克，猪肝180克，红枣2颗，姜适量

调味料

食盐1克，鸡精适量

做法

① 猪肝洗净切片；五味子、五加皮、红枣洗净；姜去皮，洗净切片。

② 锅中注水烧沸，入猪肝汆去血沫。

③ 炖盅装水，放入猪肝、五味子、五加皮、红枣、姜片炖3小时，调入食盐、鸡精后即可食用。

芹菜苦瓜瘦肉汤

材料

芹菜、苦瓜、猪瘦肉各150克，西洋参20克

调味料

食盐5克，姜10克

做法

1 芹菜洗净去叶，梗切段；猪瘦肉洗净，切块；苦瓜去瓤，切段；姜洗净，切片。

2 将猪瘦肉放入沸水中汆烫，去血污，捞出洗净。

3 将姜、芹菜、猪瘦肉、西洋参、苦瓜放入沸水锅中小火慢炖2小时，再改为大火稍煮，调入食盐调味，拌匀即可出锅。

干贝冬笋瘦肉羹

材料

干贝30克，冬笋50克，猪瘦肉200克，鸡蛋1个，红辣椒5克

调味料

花生油20毫升，食盐少许，味精、葱各3克，高汤适量

做法

1 将猪瘦肉洗净切末；冬笋、红辣椒洗净切丁；葱洗净切丝；干贝洗净备用。

2 炒锅上火倒入花生油，将葱丝、猪瘦肉末炝香，倒入高汤，调入食盐、味精，放入冬笋丁、干贝、红辣椒丁煲至熟，淋入蛋液即可。

海马干贝瘦肉汤

材料

猪瘦肉300克，海马、干贝、百合、枸杞子各适量

调味料

食盐5克

做法

❶ 猪瘦肉洗净，切块，汆水；海马洗净，浸泡；干贝洗净；百合洗净；枸杞子洗净，浸泡。

❷ 将猪瘦肉、海马、干贝、百合、枸杞子放入沸水锅中慢炖2小时。

❸ 调入食盐调味，出锅即可。

节瓜淡菜瘦肉汤

材料

节瓜100克，淡菜30克，猪瘦肉300克

调味料

食盐4克，鸡精3克

做法

❶ 猪瘦肉洗净，切块，汆水；淡菜洗净，用水稍微浸泡；节瓜洗净，去皮切块。

❷ 将猪瘦肉、淡菜、节瓜放入锅中，加入清水，以小火炖2.5小时。

❸ 调入食盐和鸡精即可。

滋补牛肉汤

材料

牛肉175克，黄芪12克

调味料

花生油50毫升，食盐6克，味精3克，葱花5克，香菜末4克

做法

❶ 将牛肉洗净，切块；黄芪洗净浸泡备用。

❷ 净锅上火，倒入花生油烧热，爆香葱花，放入牛肉煸炒2分钟，倒入适量清水烧沸，放入黄芪煮至熟，调入食盐、味精，撒入香菜末即可。

干贝猪腱肉汤

材料

干贝适量，猪腱肉150克

调味料

食盐3克，鸡精2克，香菜少许

做法

❶ 猪腱肉洗净，斩块；干贝洗净；香菜洗净，切段。

❷ 热锅注水烧开，下猪腱肉汆尽血水，取出洗净。

❸ 将猪腱肉、干贝放入炖盅，倒入清水，大火烧开，改小火炖煮1.5小时，加入食盐和鸡精调味，出锅后撒上香菜即可。

板栗蜜枣汤

材料

板栗100克，蜜枣4颗，桂圆肉15克

调味料

冰糖适量

做法

❶ 蜜枣洗净。

❷ 将板栗加水略煮，去皮。

❸ 将板栗、蜜枣和桂圆肉放入锅中，加入500毫升清水，以小火煮50分钟，再加入适量冰糖煮沸即可。

枸杞叶猪肝汤

材料

枸杞叶10克，猪肝200克，黄芪5克，沙参3克

调味料

姜片、食盐各适量

做法

❶ 猪肝洗净，切成薄片；枸杞叶洗净；沙参、黄芪润透，切段。

❷ 将沙参、黄芪加清水熬成药液。

❸ 放入猪肝片、枸杞叶和姜片，煮5分钟后调入食盐即可。

莲子芡实瘦肉汤

材料
莲子、芡实各少许，猪瘦肉350克
调味料
食盐5克，姜10克

做法
❶ 猪瘦肉洗净，切块；莲子洗净，去心；芡实洗净；姜洗净，切片。
❷ 猪瘦肉汆水后洗净备用。
❸ 将猪瘦肉、莲子、芡实、姜片放入炖盅，加适量清水，净锅置于火上，将炖盅放入隔水炖1.5小时，调入食盐即可。

灵芝红枣瘦肉汤

材料
灵芝4克，红枣适量，猪瘦肉300克
调味料
食盐6克
做法
❶ 将猪瘦肉洗净、切片；灵芝、红枣洗净备用。
❷ 净锅上火注水，放入猪瘦肉烧开，撇去浮沫，放入灵芝、红枣煲至熟，调入食盐即可。

鸡骨草排骨汤

材料

鸡骨草10克，猪排骨250克，姜20克

调味料

食盐4克，鸡精3克

做法

❶ 猪排骨洗净，切块，汆去血水，捞出洗净；鸡骨草洗净，切段，绑成节，浸泡；姜洗净，切片。

❷ 锅中注水烧沸，放入猪排骨、鸡骨草、姜慢炖。

❸ 2.5小时后加入食盐和鸡精调味即可。

虫草花党参瘦肉汤

材料

猪瘦肉300克，虫草花、党参、枸杞子各少许

调味料

食盐、鸡精各3克

做法

❶ 猪瘦肉洗净，切块、汆去血水；虫草花、党参、枸杞子洗净，用水浸泡。

❷ 锅中注水烧沸，放入猪瘦肉、虫草、党参、枸杞子慢炖。

❸ 2小时后调入食盐和鸡精调味，起锅装入炖盅即可。

泽泻薏米瘦肉汤

材料

泽泻30克，薏米10克，猪瘦肉60克发

调味料

食盐3克，味精2克

做法

❶ 猪瘦肉洗净，切件，汆去血水，捞出洗净；泽泻、薏米洗净。

❷ 把全部材料放入锅内，加适量清水，大火煮沸后转小火煲1~2小时，拣去泽泻，调入食盐和味精即可。

花豆煲猪骨

材料
花豆500克，猪骨100克

调味料
葱、姜各5克，食盐4克

做法
① 将花豆泡发洗净；猪骨洗净斩段；葱洗净切花；姜洗净切片。

② 净锅上火，加水烧沸，倒入猪骨氽去血水后捞出洗净。

③ 将花豆、猪骨放入锅中煲熟，放入葱、姜，调入食盐即可。

黑豆猪骨汤

材料
黑豆100克，猪骨200克

调味料
食盐3克

做法
① 猪骨洗净，斩块；黑豆洗净，浸泡10分钟。

② 净锅入水烧开，氽尽猪骨表层血水，捞出洗净。

③ 将猪骨、黑豆放入瓦煲，注入清水以大火烧沸，改用小火炖2小时，加入食盐调味即可。

山药猪肚汤

材料
干山药100克，猪肚500克，红枣8颗

调味料
食盐5克，味精适量

做法
① 猪肚用开水烫片刻，刮除黑色黏膜，洗净切块。

② 干山药用清水洗净。

③ 将猪肚、山药和红枣放入砂锅内，注入适量清水，大火煮沸后改用小火煲2小时，加入食盐和味精调味即可。

四味瘦肉汤

材料

猪瘦肉250克，莲子、核桃仁、腰果、红豆各100克

调味料

食盐5克

做法

1. 猪瘦肉洗净切块；莲子洗净，泡发去心；核桃仁、腰果、红豆洗净备用。
2. 锅中注水适量，烧开，放入猪瘦肉块汆烫，捞出沥水。
3. 水烧开后，加入所有食材，待沸后转小火煲2小时，调入食盐即可。

洋葱炖猪排骨

材料

洋葱250克，猪排骨750克

调味料

姜、白糖各5克，食盐、胡椒粉、味精各适量，老抽10毫升，花生油50毫升

做法

1. 将洋葱切成块后和洗净的猪排骨放在一起，加入老抽、胡椒粉、味精、姜、盐腌15~30分钟。
2. 平底锅注油，油热后将猪排骨煎至八成熟。
3. 换炒锅注油，放入洋葱爆香，倒入猪排骨及腌排骨的汁，加入清水，用小火炖60分钟，放入白糖煮至入味后出锅。

萝卜芡实猪排骨汤

材料

青萝卜、胡萝卜各150克，芡实100克，猪排骨300克

调味料

食盐3克

做法

① 青萝卜、胡萝卜洗净，切大块；芡实洗净，浸泡10分钟。

② 猪排骨洗净，斩块，氽水。

③ 将猪排骨、芡实和青萝卜、胡萝卜放入炖盅内，以大火烧开，改小火煲煮2.5小时，加食盐调味即可。

板栗无花果排骨汤

材料

鲜板栗250克，无花果30克，猪排骨500克，胡萝卜1根

调味料

食盐6克

做法

① 板栗入沸水中用小火煮约5分钟，捞起剥膜；无花果洗净。

③ 猪排骨放入沸水中氽烫，捞起洗净，剁块。

③ 胡萝卜削皮，洗净切块。

④ 将所有材料放入锅内，加水盖过材料，以大火煮开，转小火续煮30分钟，加入食盐调味即可。

竹荪排骨汤

材料
竹荪20克，猪排骨200克
调味料
食盐2克，鸡精3克，味精2克

做法
① 将竹荪洗净；猪排骨斩成小段，洗净，汆水。
② 将猪排骨和竹荪放入炖盅内炖2小时。
③ 最后放入食盐、鸡精、味精调味即可。

芡实煲猪肚汤

材料
芡实、莲子各30克，猪肚130克，红枣8颗
调味料
食盐、淀粉各适量
做法
① 猪肚洗净，加入食盐、演粉反复涂擦后清洗干净，切片；芡实洗净；莲子洗净去心；红枣洗净去核。
② 锅内注入适量清水，放入猪肚、芡实、莲子、红枣，大火煮沸后改小火煲2小时。
③ 加入食盐调味即可。

韭菜花猪血汤

材料

韭菜花100克，猪血150克

调味料

红椒1个，蒜片10克，辣椒酱30克，豆瓣酱20克，食盐5克，味精2克，上汤200毫升，花生油适量

做法

❶ 猪血洗净切块；韭菜花洗净切段；红椒洗净切块。

❷ 净锅注水烧开，放入猪血氽烫，捞出沥水。

❸ 油锅烧热，爆香蒜、红椒，加入猪血、上汤及辣椒酱、豆瓣酱、食盐、味精煮至入味，再倒入韭菜花即可。

蝉花熟地猪肝汤

材料

蝉花10克，熟地黄12克，猪肝180克，红枣6粒

调味料

食盐6克，姜、淀粉、胡椒粉、香油各适量

做法

❶ 蝉花、熟地黄、红枣洗净；猪肝洗净，切薄片，加淀粉、胡椒粉、香油腌渍片刻；姜洗净去皮，切片。

❷ 将蝉花、熟地黄、红枣、姜片放入瓦煲内，注入适量清水，大火煮沸后改为中火煲约2小时，放入猪肝煲熟。

❸ 放入食盐调味即可。

海马猪骨汤

材料
海马2只，猪骨220克，胡萝卜50克

调味料
味精3克，鸡精2克，食盐5克

做法
① 将猪骨斩块，洗净余水；胡萝卜洗净去皮，切块；海马洗净。
② 将猪骨、海马、胡萝卜放入炖盅内，加适量清水炖2小时。
③ 最后放入味精、鸡精、食盐调味即可。

党参淮山猪肚汤

材料
猪肚150克，党参、淮山各20克，黄芪5克，枸杞适量

调味料
精盐6克，姜片10克

做法
① 猪肚洗净；党参、淮山、黄芪、枸杞洗净。
② 锅中注水烧开，放入猪肚余透。
③ 将所有食材放入砂煲内，加清水淹过食材，大火烧沸后改小火煲2.5小时，调入精盐即可。

二冬生地炖脊骨

材料

猪脊骨250克，天冬、麦冬各10克，生地黄、熟地黄各15克，人参15克

调味料

食盐、味精各适量

做法

① 天冬、麦冬、熟地黄、生地黄、人参洗净。

② 猪脊骨入沸水中氽去血水，捞出沥干备用。

③ 把猪脊骨、天冬、麦冬、熟地黄、生地黄、人参放入炖盅内，加入适量开水，盖好，隔开水用小火炖约3小时，调入食盐和味精即可。

板栗桂圆炖猪蹄

材料

新鲜板栗200克，桂圆肉100克，猪蹄2只

调味料

食盐5克

做法

① 板栗入开水中煮5分钟，捞起剥膜，洗净沥干。

② 猪蹄斩块后入沸水中氽烫捞起，冲洗干净。

③ 将准备好的板栗、猪蹄放入炖锅中，注入清水淹过材料，以大火煮开，改用小火炖70分钟。

④ 桂圆肉剥散，入锅中续煮5分钟，加入食盐调味即可。

姜蒜脊骨汤

材料

姜1块，蒜10瓣，猪脊骨500克，葱段适量

调味料

食盐6克

做法

① 姜洗净，切片；蒜去皮，洗净。

② 猪脊骨剁成块，放入沸水中汆去血水，捞起冲净。

③ 姜、蒜、猪脊骨倒入锅中，倒入2000毫升水以大火煮开，转小火续炖1小时，熄火前加入食盐调味，撒上葱段即成。

猪腰山药汤

材料

猪腰120克，山药30克，党参10克，红枣、枸杞子各适量

调味料

食盐1克，鸡精适量

做法

① 将猪腰治净，切片；山药、党参洗净；红枣、枸杞子加温水略泡，洗净备用。

② 锅中加清水烧开，加入猪腰，汆去血水。

③ 将所有食材放入砂锅，注入适量清水，小火煲煮2小时后加入食盐、鸡精调味。

冬瓜薏米猪腰汤

材料
冬瓜60克，薏米50克，猪腰150克，香菇20克
调味料
食盐适量
做法
❶ 猪腰洗净，切开，除去白色筋膜；薏米浸泡，洗净；香菇洗净泡发，去蒂；冬瓜去皮、籽，洗净切大块。
❷ 锅中注水烧沸，放入猪腰汆水，去除血沫，捞出切块。
❸ 将适量清水放入瓦煲内，大火煮滚后加入所有备好的材料，改用小火煲2小时，加入食盐调味即可。

板栗猪腰汤

材料
板栗50克，猪腰100克，红枣、黄豆、姜各适量
调味料
食盐1克，鸡精适量
做法
❶ 猪腰洗净，切开，除去白色筋膜；板栗洗净剥开；红枣洗净；姜洗净，去皮切片；黄豆洗净，备用。
❷ 净锅注水烧开，入猪腰汆去表层血水，捞出洗净。
❸ 瓦煲注水，在大火上煮开后放入猪腰、板栗、姜片、红枣、黄豆，以小火煲2小时后调入食盐、鸡精即可。

二参猪腰汤

材料

沙参、党参各10克，猪腰1个，枸杞子、姜各5克

调味料

食盐6克，味精2克

做法

❶ 猪腰洗净，切开，去掉白色筋膜，再切成片；沙参、党参润透，均切成小段；枸杞子泡发洗净。

❷ 锅中注水烧开，放入猪腰片氽熟，捞出。

❸ 将猪腰、沙参、党参、枸杞子、姜装入炖盅内，加入适量清水，入锅中炖半小时至熟，调入食盐、味精即可。

人参芥菜猪腰汤

材料

人参片10克，芥菜1棵，猪腰1副

调味料

食盐5克

做法

❶ 猪腰平剖为两半，剔去内面白筋，洗净切成薄片；芥菜洗净，切段。

❷ 锅中加2000毫升水，放入人参片以大火煮开，转小火续煮10分钟熬成高汤。

❸ 再转中火，待汤一开，放入猪腰片、芥菜，水开后加入食盐调味即可。

党参马蹄猪腰汤

材料
党参15克，马蹄150克，猪腰200克
调味料
食盐6克，花生油、料酒各适量

做法
1. 猪腰洗净，剖开，切去白色筋膜，切片，用适量的料酒、花生油拌匀。
2. 马蹄洗净去皮；党参洗净切段。
3. 马蹄、党参放入锅内，加入适量清水，大火煮开后改小火煮30分钟，加入猪腰再煲10分钟，以食盐调味即可。

人参猪腰汤

材料
人参10克，猪腰1副，油菜50克
调味料
食盐6克

做法
1. 猪腰平剖为两半，剔去白筋，自外面切成斜纹花，再切成片；油菜洗净，切段。
2. 猪腰洗去血水，放入沸水中汆烫，捞出洗净。
3. 煮锅中加水2000毫升，放入人参以大火煮开，转小火煮10分钟熬成高汤。
4. 再转中火，待汤一开，放入腰花片、油菜，水开后加入食盐调味即可。

莲子芡实猪尾汤

材料

猪尾100克，莲子、芡实各适量

调味料

食盐3克

做法

1. 猪尾洗净，剁成段；芡实洗净；莲子去皮、去莲心，洗净。
2. 热锅注水烧开，将猪尾的血水氽尽，捞起洗净。
3. 把猪尾、芡实、莲子放入炖盅，注入清水，大火烧开，改小火炖2小时，加食盐调味即可。

杜仲巴戟猪尾汤

材料

猪尾、巴戟、杜仲、红枣各适量

调味料

精盐3克

做法

1. 猪尾洗净，斩件；巴戟、杜仲均洗净，浸水片刻；红枣去蒂洗净。
2. 净锅入水烧开，放入猪尾氽透，捞出洗净。
3. 将泡发巴戟、杜仲的水倒入瓦煲，再注入适量清水，大火烧开，放入猪尾、巴戟、杜仲、红枣，改小火煲3小时，加入精盐调味即可。

春砂仁黄芪猪肚汤

材料
春砂仁6克，黄芪10克，猪肚1个，姜片适量

调味料
食盐、淀粉各适量

做法
1. 猪肚洗净，翻转去脏杂，以淀粉洗净后用清水冲净。
2. 将洗净的黄芪、春砂仁放入猪肚内，以线缝合。
3. 将猪肚和姜片放入炖盅内，加入冷开水，盖上盖子，隔水炖3小时，调入食盐调味即可。

木瓜车前草猪腰汤

材料
木瓜50克，鲜车前草40克，猪腰140克，姜3克

调味料
食盐适量

做法
1. 木瓜洗净，去皮、籽后切块；鲜车前草洗净，去除根须；猪腰洗净后剖开，剔除中间的白色筋膜；姜洗净，去皮切片。
2. 将木瓜、车前草、猪腰、姜片一同放入砂锅内，加入适量清水，大火煲沸后改小火煲煮2小时，加入食盐调味即可。

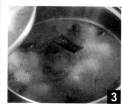

灵芝炖猪尾

材料

灵芝5克，猪尾1条，鸡肉200克，猪瘦肉50克，鸡汤1000毫升

调味料

姜、料酒、白糖、食盐各适量

做法

1. 将猪尾洗净剁成段；猪瘦肉洗净切成块；鸡肉洗净切块；灵芝洗净切成块。

2. 锅中注水，放入猪尾段、猪瘦肉、鸡肉块汆去血水。

3. 将鸡汤倒入锅内，煮沸后加入猪尾、姜、料酒、猪瘦肉、鸡肉块、灵芝，炖熟后加入白糖、食盐调味即可。

杜仲巴戟天猪尾汤

材料

猪尾、杜仲、巴戟天、红枣各适量

调味料

食盐3克

做法

1. 猪尾洗净，斩段；巴戟天、杜仲均洗净，浸水片刻；红枣去蒂洗净。

2. 净锅入水烧开，放入猪尾汆透，捞出洗净。

3. 将泡发巴戟天、杜仲的水倒入瓦煲，再注入适量清水，大火烧开，放入猪尾、巴戟天、杜仲、红枣，改小火煲3小时，加入食盐调味即可。

党参枸杞猪肝汤

材料

党参8克，枸杞子、葱各2克，猪肝200克

调味料

食盐6克

做法

❶ 将猪肝洗净切片，汆去血水；葱洗净切末；党参、枸杞子用温水洗净备用。

❷ 净锅上火倒入清水，放入猪肝、党参、枸杞子煲至熟，调入食盐调味，撒入葱末即可。

姜肉桂炖猪肚

材料

猪肚150克，猪瘦肉50克，姜15克，肉桂5克，薏米25克

调味料

食盐6克

做法

❶ 猪肚里外反复洗净，汆水后切成长条；猪瘦肉洗净后切成块。

❷ 姜去皮，洗净，用刀拍烂；肉桂浸透洗净，刮去粗皮；薏米淘洗干净。

❸ 将所有材料放入炖盅，加适量清水，隔水炖2小时，加入食盐调味即可。

白果猪肚汤

材料

白果40克，猪肚180克，胡椒粒、淀粉、姜各适量

调味料

食盐适量

做法

❶ 猪肚用食盐、淀粉洗净后切片；白果洗净去壳；姜洗净，去皮切片。

❷ 锅中注水烧沸，入猪肚汆去血沫，捞出备用。

❷ 将猪肚、白果、姜、胡椒粒放入砂锅，倒入适量清水，用小火熬2小时，调入食盐即可。

萝卜莲子芡实猪胰汤

材料

白萝卜50克，莲子、芡实各15克，猪胰1条，蜜枣、姜片、陈皮各适量

调味料

食盐1克

做法

1. 猪胰刮洗干净；白萝卜洗净去皮，切块；蜜枣洗净，浸泡去核；莲子洗净去心；芡实洗净。

2. 锅内注水，烧开后放入猪胰氽水去腥，捞出洗净。

3. 将所有食材放入砂锅内，加入适量清水，大火煲沸后改小火煲3小时，调入食盐调味。

莲子补骨脂猪腰汤

材料

补骨脂50克，猪腰1个，莲子、核桃仁各40克，姜适量

调味料

食盐适量

做法

1. 补骨脂、莲子、核桃仁分别洗净浸泡；猪腰剖开除去白色筋膜，加食盐揉洗，以水冲净；姜洗净去皮切片。

2. 将所有材料放入砂锅中，注入清水，大火煲沸后转小火煲煮2小时。

3. 加入食盐调味即可。

车前子空心菜猪腰汤

材料

车前子150克，空心菜100克，猪腰1个

调味料

姜少许，食盐6克，味精3克

做法

❶ 车前子洗净，加水800毫升，煎至400毫升。

❷ 猪腰、空心菜洗净，猪腰切片，空心菜切段。

❸ 再将猪腰、空心菜放入车前子水中，加入姜片和食盐，继续煮至熟，加入食盐、味精调味即可。

莲子百合芡实排骨汤

材料

莲子、百合、芡实各适量，猪排骨200克

调味料

食盐3克

做法

❶ 猪排骨洗净，斩块，汆去血渍；莲子去皮，去莲心，洗净；芡实洗净；百合洗净泡发。

❷ 将猪排骨、莲子、芡实、百合放入砂锅，注入清水，大火烧沸，改为小火煲2小时，加入食盐调味即可。

五加皮牛肉汤

材料

五加皮15克，牛大力100克，黑豆45克，红枣（去核）10颗，牛肉150克

调味料

食盐适量

做法

① 将五加皮、牛大力洗净，用纱布包好。

② 将黑豆、红枣洗净，黑豆用清水浸泡1小时；牛肉洗净，切小块。

③ 将全部材料放入砂锅内，加适量清水，大火煮沸后改小火煲2小时，加入食盐调味即可。

二子苍术瘦肉汤

材料

猪瘦肉300克，枸杞子、五味子、苍术各10克

调味料

食盐3克，鸡精2克

做法

① 猪瘦肉洗净，切块；苍术洗净，切片；枸杞子、五味子分别洗净。

② 锅内烧水，待水沸时，放入猪瘦肉汆除血水。

③ 将猪瘦肉、苍术、枸杞子、五味子放入汤锅中，加入清水，大火烧沸后以小火炖2小时，调入食盐和鸡精即可食用。

白茅根马蹄猪展汤

材料

白茅根15克，马蹄10个，猪展300克，姜3克

调味料

食盐2克

做法

① 白茅根洗净，切成小段；马蹄洗净去皮；猪展洗净，切块；姜洗净去皮，切片。

② 将洗净的食材一同放入砂锅内，注入适量清水，大火煲沸后改小火煲2小时。

③ 加入食盐调味即可。

莲藕黑豆猪蹄汤

材料

莲藕750克，黑豆100克，猪蹄1只，陈皮10克，红枣4颗，

调味料

食盐少许

做法

❶ 莲藕洗净，去皮切块；猪蹄刮净，斩块，煮5分钟，捞起，用清水洗干净；黑豆入锅中炒至豆衣裂开，再用清水洗净，沥干；陈皮、红枣分别用清水洗净。

❷ 瓦煲内注入适量清水，先用大火煲至水开，然后放入全部材料，待水再开后改用中火继续煲3小时，加入食盐调味即可。

芹菜金针菇响螺瘦肉汤

材料

芹菜100克，金针菇50克，响螺适量，猪瘦肉300克

调味料

食盐5克，鸡精5克

做法

❶ 猪瘦肉洗净，切块；金针菇洗净，浸泡；芹菜洗净，切段；响螺洗净，取肉。

❷ 猪瘦肉、响螺肉放入沸水中氽去血水后捞出备用。

❸ 锅中注水，烧沸，放入猪瘦肉、金针菇、芹菜、响螺肉慢炖2.5小时，加入食盐和鸡精调味即可。

人参腰片汤

材料

人参片10克，猪腰1副，芥菜1棵

调味料

精盐1小匙

做法

❶ 猪腰平剖为两半，剔去内面白筋，切成薄片；芥菜洗净，切段。

❷ 煲中加4碗水，放入参片以大火煮开，转小火续煮10分钟熬成高汤。

❸ 再转中火，待汤沸，放入猪腰片、芥菜，水沸后加入精盐调味即可。

青豆羊肉汤

材料

青豆10克，羊肉250克，白果30克，葱花、枸杞子各少许

调味料

食盐、高汤各适量

做法

❶ 将羊肉洗净，切丁；白果、青豆洗净备用。

❷ 锅上火，倒入高汤，放入羊肉、白果、青豆、枸杞子，以大火烧沸后转小火煲熟，调入食盐，撒入葱花即可。

丝瓜猪肝汤

材料

丝瓜300克，猪肝100克，姜3片

调味料

花生油、料酒、淀粉、食盐各适量

做法

❶ 将丝瓜削去皮，洗净，切斜块；姜洗净，切片。

❷ 猪肝切片，用清水浸泡5分钟，洗净，沥干水分，加适量料酒、淀粉拌匀，腌5分钟。

❸ 起油锅，放入姜片、丝瓜略爆，加入适量清水，煮开后放入猪肝煮至熟，加入食盐调味即可。

莲子巴戟天排骨汤

材料

新鲜莲子150克，巴戟天5克，猪排骨200克，姜5克

调味料

食盐4克，味精3克

做法

❶ 莲子泡发去心；猪排骨洗净，剁成小段；姜洗净切成小片；巴戟天洗净切成小段。

❷ 锅中注水烧开，放入猪排骨段氽水后捞出。

❸ 将猪排骨、莲子、巴戟天、姜放入汤锅，加适量清水，大火烧沸后以小火炖45分钟，加入食盐、味精调味即可。

鸡骨草瘦肉汤

材料

鸡骨草10克，猪瘦肉500克，姜20克，葱10克

调味料

食盐4克，鸡精3克

做法

1. 猪瘦肉洗净，切块；鸡骨草洗净，切段，绑成节，浸泡；姜洗净，去皮切片；葱洗净，切段。

2. 猪瘦肉氽水，去除血污和腥味。

3. 锅中注水，烧沸，放入猪瘦肉、鸡骨草、姜、葱段以小火慢炖，2.5小时后加入食盐和鸡精调味即可。

马齿苋瘦肉汤

材料

马齿苋100克，猪瘦肉200克，绿豆50克

调味料

食盐、鸡精各5克

做法

1. 猪瘦肉洗净，切块，入沸水氽烫；马齿苋洗净，切段；绿豆洗净，用水浸泡。

2. 将猪瘦肉、马齿苋、绿豆放入锅中，加入适量清水慢炖1.8小时。

3. 调入食盐和鸡精即可。

玉米须瘦肉汤

材料
猪瘦肉400克，玉米须、扁豆、蜜枣、蘑菇、干山药各适量

调味料
食盐6克

做法
1. 猪瘦肉洗净，切块；玉米须、扁豆洗净，浸泡；蘑菇洗净，撕成小朵。
2. 猪瘦肉汆去血污，捞出洗净。
3. 锅中注水，烧开，放入猪瘦肉、干山药、扁豆、蜜枣、蘑菇，用小火慢炖，2小时后放入玉米须稍炖，加入食盐调味即可。

苦瓜败酱草瘦肉汤

材料
苦瓜200克，败酱草100克，猪瘦肉400克

调味料
食盐、鸡精各5克

做法
1. 猪瘦肉洗净，切块，汆去血水；苦瓜洗净，去瓤，切片；败酱草洗净，切段。
2. 锅中注水，烧沸，放入猪瘦肉、苦瓜慢炖。
3. 1小时后放入败酱草再炖30分钟，加入食盐和鸡精调味即可。

茯苓芝麻菊花猪瘦肉汤

材料
猪瘦肉400克，茯苓20克，菊花、白芝麻各少许，姜10克

调味料
食盐5克，鸡精2克

做法
① 猪瘦肉洗净，切块，汆去血水；茯苓洗净，切片；菊花、白芝麻洗净；姜洗净，切片。
② 将猪瘦肉放入锅中汆水，捞出备用。
③ 将猪瘦肉、茯苓、菊花、姜片放入炖锅中，加入清水，炖2小时，调入食盐和鸡精，撒上白芝麻关火，加盖闷一下即可。

夏枯草脊骨汤

材料
猪脊骨200克，夏枯草、红枣各适量

调味料
食盐3克，鸡精4克

做法
① 夏枯草洗净；红枣洗净，切片。
② 猪脊骨洗净，斩块，用刀背稍拍裂，汆水。
③ 将猪脊骨、红枣放入炖盅内，注入适量清水，以大火煲沸，放入夏枯草，改为小火煲煮2小时，加入食盐、鸡精调味即可。

佛手瓜白芍瘦肉汤

材料

鲜佛手瓜200克，白芍20克，猪瘦肉400克

调味料

蜜枣5颗，食盐3克

做法

❶ 佛手瓜洗净，切片，焯水。

❷ 白芍、蜜枣洗净；猪瘦肉洗净，切片，氽水。

❸ 将清水800毫升倒入瓦煲内，煮沸后加入以上用料，大火烧沸后，改用小火煲2小时，加入食盐调味即可。

槐花猪肠汤

材料

猪肠100克，槐花、蜜枣各20克

调味料

食盐、姜各适量

做法

❶ 猪肠洗净，切段后加入食盐抓洗，用清水冲净；槐花、蜜枣均洗净，泡发；姜去皮，洗净切片。

❷ 将猪肠、槐花、蜜枣、姜放入瓦煲内，将泡发槐花的水倒入，再倒入适量清水，以大火烧开，再改用小火炖煮1.5小时。

❸ 加入食盐调味即可。

冬笋海味汤

材料

冬笋175克，鱿鱼125克，虾米20克，菜心15克，红辣椒5克

调味料

清汤适量，食盐5克

做法

❶ 将冬笋洗净切块；鱿鱼治净切块，改花刀；虾米洗净；红辣椒洗净，切丁；菜心洗净备用。

❷ 汤锅上火倒入清汤，放入全部材料煲至熟，调入食盐即可。

莴笋蛤蜊煲

材料

莴笋175克，蛤蜊75克，豆腐100克

调味料

食盐少许，葱、姜末、红辣椒末各2克，花生油适量

做法

❶ 莴笋去皮洗净切片；豆腐洗净切片；蛤蜊洗净。

❷ 净锅上火倒入油，将葱、姜、红辣椒末爆香，放入莴笋煸炒，倒入水烧开，下入豆腐煲10分钟，放入蛤蜊续煲至熟，调入食盐即可。

原汁海蛏汤

材料

海蛏250克

调味料

食盐5克，香菜段2克，香油3毫升，红辣椒末、葱末各少量

做法

❶ 将海蛏洗净备用。

❷ 净锅上火倒入水，放入海蛏煲至熟，撒入香菜、红辣椒末、葱末，加入食盐，淋入香油即可。

苦瓜菊花猪瘦肉汤

材料

苦瓜200克，菊花20克，猪瘦肉400克，姜、葱各10克

调味料

食盐、鸡精各5克

做法

① 猪瘦肉洗净，切块，汆水；苦瓜洗净，去籽，切片；菊花洗净，用水浸泡；姜洗净，切片；葱洗净，切段。

② 将猪瘦肉放入沸水中汆一下，捞出洗净。

③ 锅中注水，烧沸，放入猪瘦肉、苦瓜、菊花、姜片、葱段慢炖，1.5小时后，加入食盐和鸡精调味，出锅装入炖盅即可。

苦瓜陈皮煲排骨

材料

苦瓜200克，陈皮5克，猪排骨175克，红辣椒5克

调味料

葱、姜各2克，食盐6克，胡椒粉5克

做法

① 将苦瓜洗净，去籽切块；猪排骨洗净，斩块汆水；红辣椒洗净，切末；陈皮洗净备用。

② 锅上火注水，放入葱、姜、红辣椒末，倒入猪排骨、苦瓜、陈皮煲至熟，调入胡椒粉和食盐即可。

海蜇马蹄
猪排骨汤

材料

海蜇50克，马蹄100克，猪排骨150克

调味料

食盐、鸡精、姜各适量

做法

❶ 马蹄削皮，切半；海蜇洗净，切丝状；猪排骨洗净，剁成段；姜去皮，洗净切细丝。

❷ 净锅入水烧沸，放入猪排骨氽尽血水，捞出洗净。

❸ 砂锅注水，放入姜、猪排骨，用大火烧开，放入海蜇、马蹄，改为小火煲煮1小时，加入食盐、鸡精调味即可。

黑豆排骨汤

材料

黑豆10克，猪排骨100克

调味料

葱花、姜丝、食盐各少许

做法

❶ 将黑豆洗净；猪排骨洗净，剁块，氽去血水，捞出洗净。

❷ 将适量水倒入锅中，开中火，待水开后放入黑豆及猪排骨、姜丝熬煮。

❸ 待食材煮软至熟后，加入食盐调味，并撒上葱花即可。

04

滋补养生汤

营养滋补汤 x 健康又长寿

　　滋补养生要按照人体的自然规律，按四时调摄，以食养、药养等方式达到调理气血，健康、长寿的一种养生方法。

　　给身体适时补充营养不是老年人的专利，在日常生活中，每个人都可以根据自身的需要，利用好喝又滋补的靓汤进行有针对性的调养，使身体时常保持在健康、活力的状态。

薏米山药炖瘦肉

材料

猪瘦肉400克，薏米、干山药各适量，枸杞子、蜜枣各20克

调味料

食盐6克，姜10克

做法

① 猪瘦肉洗净，切块，汆水；薏米、枸杞子洗净，浸泡；姜洗净，切片；山药洗净，去皮，切薄片；蜜枣洗净去核。

② 猪瘦肉汆去血水，捞出洗净。

③ 将猪瘦肉、薏米、蜜枣、姜片放入锅中，加入清水，大火烧沸后以小火炖2小时，放入山药、枸杞子稍炖，加入食盐调味即可。

木瓜银耳猪骨汤

材料

木瓜100克，银耳10克，猪骨150克

调味料

食盐3克，花生油4毫升

做法

① 木瓜去皮、籽，洗净切块；银耳洗净，泡发撕片；猪骨洗净，斩块。

② 热锅入水烧开，放入猪骨，汆尽血水，捞出洗净。

③ 将猪骨、木瓜放入瓦煲，注入清水，大火烧开后放入银耳，改用小火炖煮2小时，加入食盐、花生油调味即可。

干贝瘦肉汤

材料

猪瘦肉500克，干贝15克，姜适量

调味料

食盐4克

做法

1. 猪瘦肉洗净，切块，汆水；干贝洗净，剥散；姜洗净，去皮，切片。
2. 将猪瘦肉放入沸水中汆去血水。
3. 锅中注水，放入猪瘦肉、干贝、姜慢炖2小时，加入食盐调味即可。

雪梨猪腱汤

材料

猪腱肉500克，雪梨1个，无花果8个

调味料

食盐5克（或冰糖10克）

做法

1. 猪腱肉洗净，切块，汆水；雪梨洗净去皮，切成块；无花果用清水浸泡，洗净。
2. 把全部用料放入清水锅内，大火煮沸后，改小火煲2小时。
3. 加入食盐调成咸汤或加冰糖调成甜汤即可（可根据自己口味调用）。

芥菜猪肉汤

材料

芥菜100克，猪肉300克，葱20克，姜15克

调味料

花椒5克，食盐6克，老抽15毫升，辣豆瓣酱20克，白醋8毫升，香油10毫升，花生油适量

做法

1. 猪肉洗净切块；葱洗净切段；姜洗净切片；芥菜洗净切段。
2. 锅中注油烧热，放入猪肉炒香，加入适量清水、花椒、葱段、姜片，以小火煮半小时至熟。
3. 调入食盐、白醋及剩余调味料，煮至入味即可。

双菇脊骨汤

材料

香菇、茶树、猪脊骨菇各适量

调味料

食盐3克

做法

1. 猪脊骨洗净，斩块；香菇、茶树菇均洗净，泡发备用。
2. 热锅注水烧开，放入猪脊骨汆透，捞出洗净。
3. 将猪脊骨放入砂锅，注入适量清水，大火煲沸后放入香菇、茶树菇，改用小火煲1.5小时，加入食盐调味即可。

参杞香菇瘦肉汤

材料

猪瘦肉750克，党参25克，香菇100克，枸杞子5克，姜4片

调味料

食盐、味精各适量

做法

❶ 香菇泡发，剪去蒂，切小块；党参、姜、枸杞子分别洗净。

❷ 猪瘦肉洗净，切块汆水备用。

❸ 把全部材料放入清水锅内，大火煮沸后改小火煲2小时，加入食盐、味精调味即可。

党参蜜枣脊骨汤

材料

猪脊骨150克，党参、蜜枣各适量

调味料

食盐3克

做法

❶ 猪脊骨洗净，斩块；党参洗净，泡发切段；红枣洗净，切开去核。

❷ 净锅注水烧开后，放入猪脊骨汆尽血水，倒出洗净。

❸ 将猪脊骨、党参、蜜枣放入砂锅，注入适量清水，大火煲沸后改慢火煲3小时，加入食盐调味即可。

枸杞香猪尾汤

材料

枸杞子适量，猪尾150克

调味料

食盐3克

做法

1. 猪尾洗净，剁成段；枸杞子洗净，泡水片刻
2. 净锅注水烧沸，放入猪尾汆透，捞出洗净。
3. 将猪尾、枸杞子放入瓦煲内，加入适量清水，大火烧沸后改小火煲1.5小时，加入食盐调味即可。

胡萝卜花胶猪腱汤

材料

胡萝卜100克，花胶15克，猪腱肉200克

调味料

食盐3克

做法

1. 猪腱肉洗净，剁成大块；胡萝卜洗净，切块；花胶洗净。
2. 净锅入水烧沸，放入猪腱肉汆尽血水，捞出洗净。
3. 炖盅内注入清水烧开，将猪腱肉、胡萝卜块、花胶放入，用小火煲煮2.5小时，加入食盐调味即可。

清炖柠檬羊腩汤

材料

柠檬100克，羊腩350克，香菇50克，枸杞子15克

调味料

食盐5克，鸡精5克

做法

1. 羊腩洗净，切块，汆水；柠檬洗净，切片；香菇、枸杞子洗净，浸泡。
2. 将羊腩、香菇、枸杞子放入炖锅中，加入适量清水煮沸。
3. 放入柠檬，加盖开大火炖3小时，放入食盐和鸡精调味即可。

灵芝石斛鱼胶瘦肉汤

材料

猪瘦肉300克，灵芝、石斛、鱼胶、枸杞子各适量

调味料

食盐6克，鸡精5克

做法

1. 猪瘦肉洗净，切大块，氽水；灵芝、鱼胶洗净，浸泡；石斛洗净。
2. 将猪瘦肉、灵芝、石斛、枸杞子、鱼胶放入锅中，加入清水慢炖。
3. 炖至鱼胶变软、散开后，调入食盐和鸡精即可。

沙葛花生猪骨汤

材料

沙葛500克，花生仁50克，墨鱼干30克，猪骨500克，蜜枣3颗

调味料

食盐5克

做法

1. 沙葛去皮，洗净，切成块状。
2. 花生仁、墨鱼干洗净；蜜枣洗净；猪骨斩块，洗净，氽水。
3. 将清水2000毫升注入瓦煲内，煮沸后加入以上材料，大火煮沸后改用小火煲3小时，加入食盐调味即可。

花生眉豆猪皮汤

材料

花生仁、眉豆各30克，猪皮120克

调味料

食盐、鸡精、高汤各适量

做法

1. 猪皮去毛洗净，切块；姜洗净，去皮切片；花生仁、眉豆洗净，加入清水略泡。
2. 净锅注水，烧开后加入猪皮氽透，捞出。
3. 往砂锅内注入高汤，加入猪皮、花生仁、眉豆、姜片，小火煲2小时后调入食盐、鸡精即可。

鲜人参炖鸡

材料

鲜人参2条，家鸡1只，猪瘦肉200克，火腿30克，姜2片

调味料

食盐2克，鸡精2克，花雕酒3毫升，味精3克，浓缩鸡汁2毫升

做法

1. 将家鸡洗净；猪瘦肉洗净，切成粒；火腿洗净，切成粒；鲜人参洗净。
2. 把所有的材料装进炖盅，加适量水，隔水炖4小时。
3. 加入调味料即可。

黑木耳猪尾汤

材料

猪尾100克，生地黄、黑木耳、党参各少许

调味料

食盐2克

做法

1. 猪尾洗净，斩成段；生地黄洗净；黑木耳泡发洗净，撕成片；党参切段备用。
2. 净锅注水烧开，放入猪尾氽透，捞起洗净。
3. 将猪尾、黑木耳、生地黄、党参放入炖盅，加入适量水，大火烧开后改小火煲2小时，加入食盐调味即可。

猴头菇章鱼猪肚汤

材料

猴头菇80克，章鱼干40克，猪肚1个

调味料

食盐2克，姜10克

做法

1. 猴头菇浸泡20分钟，洗净；章鱼干洗净，注水浸泡片刻；姜洗净切片。
2. 猪肚洗净，入锅氽透，除去异味，切片。
3. 将所有材料和姜片放入砂锅内，加适量清水，用大火煮沸后改小火煲约2小时，加入食盐调味即可。

牛腩炖白萝卜

材料

牛腩500克，白萝卜800克，枸杞子50克

调味料

食盐6克，黑胡椒粉5克，芹菜10克

做法

1. 牛腩洗净，切条，用部分食盐、黑胡椒粉腌渍；白萝卜去皮，洗净，切长条；芹菜洗净，切段。
2. 将牛腩放入瓦煲，加入高汤烧开，加入枸杞子，小火炖1小时，加入白萝卜炖半小时，最后加入剩余食盐和芹菜段即可。

绿豆陈皮排骨汤

材料

绿豆60克，陈皮15克，猪排骨250克

调味料

食盐少许，生抽适量

做法

1. 绿豆除去杂物和坏豆子，清洗干净。
2. 猪排骨洗净斩块，氽水；陈皮浸软，刮去瓤，洗净；
3. 锅中加适量清水，放入陈皮先煲开，再将猪排骨、绿豆放入煮10分钟，改小火再煲3小时，加入适量食盐、生抽调味即可。

佛手瓜银耳煲猪腰

材料

佛手瓜100克，银耳40克，猪腰120克

调味料

食盐、鸡精各适量，姜4克

做法

① 猪腰洗净去筋膜，切块；佛手瓜洗净，切块；银耳泡发洗净，去除黄色杂质，撕小块；姜洗净去皮，切片。

② 锅中注水烧沸后放入猪腰，汆熟后捞出。

③ 瓦煲内注入适量清水，将所有备好的材料放入，小火煲煮2小时，调入食盐、鸡精即可。

干贝黄精地黄炖瘦肉

材料

干贝、黄精、生地黄、熟地黄各10克，猪瘦肉350克

调味料

食盐6克，鸡精4克

做法

① 猪瘦肉洗净，切块，汆水；干贝洗净，剥散；黄精、生地黄、熟地黄分别洗净，切片。

② 锅中注水，烧沸，放入猪瘦肉炖1小时。

③ 再放入干贝、黄精、生地黄、熟地黄慢炖1小时，加入食盐和鸡精调味即可。

滋润猪肚汤

材料

猪肚250克，银耳100克，花旗参25克，乌梅3粒

调味料

食盐6克

做法

1. 银耳以冷水泡发，去蒂，撕小块；花旗参洗净备用；乌梅洗净去核。
2. 猪肚刷洗干净，氽水，切片。
3. 将猪肚、银耳、花旗参、乌梅放入瓦煲内，大火烧沸后再以小火煲2小时，再加入食盐调味即可。

枸杞山药牛肉汤

材料

枸杞子10克，新鲜山药600克，牛肉500克

调味料

食盐6克

做法

1. 牛肉洗净，氽水后捞起冲净，待凉后切成薄片备用。
2. 山药削皮，洗净切片。
3. 将牛肉放入炖锅中，加入适量清水，以大火煮沸后转小火慢炖1小时。
4. 加入山药、枸杞子，续煮10分钟，加入食盐调味即可。

玉米桂圆煲猪胰

材料

玉米50克，桂圆肉20克，猪胰70克，鸡爪1个

调味料

食盐、鸡精、姜片各适量

做法

① 玉米洗净切成小块；鸡爪洗净，剪去趾甲；猪胰洗净，切成小块；桂圆肉洗净。

② 锅内注入清水，烧开后放入猪胰、鸡爪，汆出血水后捞出。

③ 砂锅内注入清水，烧开后加入所有材料和姜片，大火烧沸后改小火煲煮1.5小时，调入食盐、鸡精即可。

莲子枸杞猪肠汤

材料

猪肠150克，鸡爪、红枣、枸杞子、党参、莲子各适量

调味料

食盐适量，葱段5克

做法

① 猪肠切段，洗净；鸡爪、红枣、枸杞子、党参均洗净；莲子去皮、去莲心，洗净。

② 净锅注水烧开，放入猪肠汆透，捞出。

③ 将猪肠、鸡爪、红枣、枸杞子、党参、莲子放入瓦煲，注入适量清水，大火烧开后改为小火炖煮2小时，加入食盐调味，撒上葱段即可。

节瓜鸡肉汤

材料

节瓜100克，鸡胸肉250克，枸杞子15克

调味料

食盐5克，鸡精3克

做法

❶ 鸡胸肉洗净，切块，汆水；节瓜去皮，洗净切块；枸杞子洗净，泡发。

❷ 炖锅中注入适量清水，放入鸡肉、节瓜、枸杞子，大火煲沸后转小火慢炖1.5小时。

❸ 加入食盐和鸡精调味，出锅即可。

生地绿豆猪肠汤

材料

猪肠100克，绿豆50克，生地黄、陈皮、姜各3克

调味料

食盐适量

做法

❶ 猪肠切段后洗净；绿豆洗净，入水浸泡10分钟；生地黄、陈皮、姜均洗净。

❷ 净锅入水烧开，倒入猪肠煮透，捞出。

❸ 将猪肠、生地黄、绿豆、陈皮、姜放入炖盅，注入清水，以大火烧开，改用小火煲2小时，加入食盐调味即可。

党参山药猪胰汤

材料

党参30克，干山药30克，猪胰200克，蜜枣3颗，猪瘦肉150克

调味料

食盐5克

做法

❶ 党参、干山药洗净，备用。

❷ 蜜枣洗净；猪胰、猪瘦肉洗净，切块，汆水。

❸ 将适量清水放入瓦煲中，加入所有材料，大火煲开后改用小火煲3小时，加入食盐调味即可。

银耳山药莲子煲鸡汤

材料

鸡胸肉400克，银耳、干山药、莲子、枸杞子各适量

调味料

食盐5克，鸡精3克

做法

① 鸡肉治净，切块，氽水；银耳泡发洗净，撕小块；干山药洗净，切片；莲子洗净，对半切开，去莲心；枸杞子洗净。

② 炖锅中注入清水，放入鸡肉、银耳、山药、莲子、枸杞子，大火炖至莲子变软。

③ 加入食盐和鸡精调味即可。

羊排红枣山药滋补煲

材料

羊排骨350克，红枣4颗，山药175克，香菜少许

调味料

食盐适量

做法

① 将羊排骨洗净，切块，氽水；山药去皮，洗净，切块；红枣洗净备用。

② 净锅上火倒入清水，放入羊排骨、山药、红枣，以大火煲沸后转小火煲熟，加入食盐调味，撒上香菜即可。

木瓜银耳煲白鲫

材料

木瓜40克，银耳20克，白鲫300克，姜片适量

调味料

食盐2克，花生油、鸡精各适量

做法

① 白鲫治净；木瓜洗净去皮，切块；银耳用温水泡发，去除黄色杂质。

② 锅内注油烧热，将白鲫稍煎，沥干油备用。

③ 用瓦煲装入清水，烧沸后加入所有食材，小火煲2小时后调入食盐、鸡精即可。

人参鸡汤

材料

山鸡250克，人参1条，红辣椒圈、香菜叶各少许

调味料

食盐5克，姜片2克

做法

1. 将山鸡治净，斩大块汆水；人参洗净备用。
2. 汤锅上火倒入清水，放入山鸡、人参、姜片，大火煲沸后转小火煲熟，加入食盐调味，撒入红辣椒圈、香菜叶即可。

玉竹白芷排骨汤

材料

玉竹20克，猪排骨250克，白芷、枸杞子各15克

调味料

食盐适量

做法

1. 排骨洗净，斩段，入水汆烫，去除血污和腥味，再用温水冲洗，沥干，备用。
2. 将药材洗净，枸杞子泡发，备用。
3. 将猪排骨和所有药材一起熬煮，直至药汁入味、汤色润泽，转小火，加入食盐调味即可。
4. 也可视个人口味加入红枣，滋味会更香甜。

粉葛薏米脊骨汤

材料

粉葛、薏米各适量，猪脊骨150克

调味料

食盐2克

做法

1. 猪脊骨洗净，斩块；粉葛洗净，切块；薏米洗净，泡水15分钟。
2. 净锅入水烧开，放入猪脊骨汆尽血水，捞出洗净。
3. 将猪脊骨、粉葛、薏米放入瓦煲，注入清水，大火烧开后改小火煲炖2小时，加入食盐调味即可。

白萝卜炖羊肉

材料

白萝卜100克，羊肉350克，姜、枸杞子各10克

调味料

食盐、鸡精各5克

做法

1. 羊肉洗净，切块，汆水；白萝卜洗净，去皮，切块；姜洗净，切片；枸杞子洗净，浸泡。
2. 炖锅中注水，烧沸后放入羊肉、白萝卜、姜、枸杞子以小火炖煮。
3. 2小时后，转大火，调入食盐、鸡精，稍炖出锅即可。

胡萝卜甘蔗羊肉汤

材料

羊肉350克，竹笋、甘蔗、胡萝卜各50克，枸杞子少许

调味料

食盐、鸡精各5克

做法

1. 羊肉洗净，切块，汆水；竹笋洗净，切块；甘蔗去皮，洗净，切段；胡萝卜洗净，切块。
2. 将羊肉、竹笋、甘蔗、胡萝卜、枸杞子放入炖盅，加入适量清水。
3. 锅中注水，烧沸，放入炖盅隔水炖熟，加入食盐和鸡精调味即可。

海带海藻瘦肉汤

材料

海带、海藻各适量，猪瘦肉350克

调味料

食盐6克，姜10克

做法

① 猪瘦肉洗净，切块；海带洗净，切片；海藻洗净；姜洗净，切片。

② 将猪瘦肉汆一下，去除血腥。

③ 将猪瘦肉、海带、海藻、姜片放入锅中，加入清水，炖2小时至汤色变浓后，调入食盐即可。

生地木棉花瘦肉汤

材料

生地黄、木棉花各少许，猪瘦肉300克

调味料

食盐6克

做法

① 猪瘦肉洗净，切块，汆水；生地黄洗净，切片；木棉花洗净。

② 净锅置于火上，加水烧沸，放入猪瘦肉、生地黄慢炖1小时。

③ 放入木棉花再炖半小时，调入食盐即可。

05

强身健体汤

百煮营养足 x 防病更治病

喝汤，是广东传统的防病强身、补虚健体的自我保健方法之一。

相对于单纯的食物进补，中药补益效果更明显，而汤补则更利于身体吸收。

强身健体汤不仅包含各种新鲜食材的补益功效，还囊括了多种药材的综合作用，能有效地营养脏腑、滋润关节、固本强身、补虚健体、防病治病。

党参豆芽骶骨汤

材料

党参15克，黄豆芽200克，猪骶尾骨1副，西红柿1个

调味料

食盐5克

做法

❶ 猪骶尾骨切段，氽烫捞起，再冲洗干净。

❷ 黄豆芽、党参冲洗干净；西红柿洗净，切块。

❸ 将猪骶尾骨、黄豆芽、西红柿和党参放入锅中，加水1400毫升，以大火煮开，转用小火炖30分钟，加入食盐调味即可。

苋菜梗扁豆炖猪尾

材料

苋菜梗、扁豆各适量，猪尾150克

调味料

食盐3克，鸡精2克

做法

❶ 猪尾洗净，剁成小段；苋菜梗洗净，切段；扁豆洗净泡水。

❷ 净锅入水烧开，将猪尾氽透后捞起洗净。

❸ 瓦煲内注水烧开，将全部材料放入，改小火炖煮1.5小时，放入食盐、鸡精调味即可。

白背叶根猪尾汤

材料

白背叶根、红枣各适量，猪尾100克

调味料

食盐、鸡精各2克

做法

❶ 猪尾洗净，斩段；白背叶根洗净，切段；红枣洗净，切成片。

❷ 净锅入水烧开，放入猪尾氽尽血水，捞起洗净。

❸ 将猪尾、白背叶根、红枣放入炖盅，注水后用大火烧开，改小火炖煮3小时，加入食盐、鸡精调味即可。

草菇瘦肉汤

材料

草菇50克，猪瘦肉250克，山药30克，红枣10克

调味料

食盐、鸡精各5克，姜10克

做法

❶ 猪瘦肉洗净，切块，汆水；草菇、红枣洗净；山药洗净，去皮，切块；姜洗净，切片。

❷ 将猪瘦肉放入沸水中汆去血水，捞出沥干。

❸ 将猪瘦肉、草菇、山药、红枣放入锅中，加入适量清水慢炖1.8小时，待汤色变浓之后，调入食盐和鸡精即可。

南瓜猪展汤

材料

南瓜100克，猪展180克，姜、红枣各适量

调味料

食盐、高汤、鸡精各适量

做法

❶ 南瓜洗净，去皮切成方块；猪展洗净切成块；红枣洗净；姜洗净去皮切片。

❷ 锅中注水烧开后倒入猪展，汆去血水后捞出。

❸ 另起砂锅，将南瓜、猪展、姜片、红枣放入，注入高汤，小火煲煮1.5小时后调入食盐、鸡精调味即可。

扁豆瘦肉汤

材料
扁豆50克，猪瘦肉200克，姜片、葱段各10克

调味料
食盐6克，鸡精2克

做法
① 猪瘦肉洗净，切块；扁豆洗净，浸泡。

② 猪瘦肉入沸水汆去血水后捞出，放入砂锅中。

③ 将扁豆、姜片放入砂锅中，加入清水小火炖2小时，待扁豆变软后，放入葱段，调入食盐、鸡精稍炖即可。

节瓜花生猪腱汤

材料
节瓜100克，花生仁少许，猪腱肉80克

调味料
食盐2克

做法
① 猪腱肉洗净，剁块；节瓜去皮洗净，切厚片；花生仁洗净。

② 净锅入水烧开，汆尽猪腱上的血渍，捞起洗净。

③ 将猪腱肉、节瓜、花生仁放入炖盅，注入清水，大火烧开后改小火炖煮1.5小时，加入食盐调味即可。

淡菜瘦肉汤

材料
淡菜30克，猪瘦肉300克，葱、姜各少许

调味料
食盐4克，鸡精3克

做法
❶ 猪瘦肉洗净，切块；淡菜洗净，用水稍微浸泡；姜洗净切片；葱洗净切段。

❷ 将猪瘦肉放入沸水中余烫一下，捞出备用。

❸ 将猪瘦肉、淡菜、葱段、姜片放入锅中，加入清水，小火炖2小时，调入食盐和鸡精即可。

胡萝卜猪腱汤

材料
胡萝卜150克，猪腱肉100克，红枣1颗

调味料
食盐、鸡精各适量

做法
❶ 猪腱肉洗净，斩成块；红枣洗净，切成薄片；胡萝卜洗净，切块。

❷ 净锅入水烧开，入猪腱肉余尽血水，捞起洗净。

❸ 将猪腱肉、红枣、胡萝卜放入炖盅内，注入清水后用大火烧沸，改小火煲2小时，调入食盐和鸡精即可。

三豆冬瓜瘦肉汤

材料

猪瘦肉300克，冬瓜100克，眉豆、红豆、黄豆各少许，姜10克，葱10克

调味料

食盐、鸡精各5克

做法

❶ 猪瘦肉洗净，切块，氽水；冬瓜洗净，切片；眉豆、红豆、黄豆洗净，浸泡；姜洗净，切片，葱洗净，切段。

❷ 猪瘦肉氽去血污，捞出洗净。

❸ 锅中注水，烧沸，放入猪瘦肉、冬瓜、眉豆、红豆、黄豆、姜片、葱段慢炖，加入食盐和鸡精，待眉豆等熟软后起锅即可。

黑木耳猪蹄汤

材料

黑木耳10克，猪蹄350克，红枣2颗

调味料

食盐3克，姜片4克

做法

❶ 猪蹄洗净，斩块；黑木耳泡发后洗净，撕成小朵；红枣洗净。

❷ 净锅注水烧开，放入猪蹄氽尽血水，捞出洗净。

❸ 砂锅注水烧开，放入姜片、红枣、猪蹄、黑木耳，大火烧开后改用小火煲煮2小时，加入食盐调味即可。

山楂山药鲫鱼汤

材料
鲫鱼1条，山楂、山药各30克

调味料
盐、味精、姜片各适量

做法
1. 将鲫鱼去鳞、鳃及肠脏，洗净切块。
2. 起油锅，用姜爆香，下鱼块稍煎，取出备用；山楂、山药洗净。
3. 把全部材料一起放入锅内，加适量清水，大火煮沸，小火煮1~2小时，加盐和味精调味即可。

粉葛豆芽猪蹄汤

材料
粉葛、黄豆芽各100克，猪蹄150克

调味料
食盐3克，姜片少许

做法
1. 猪蹄洗净，斩块；粉葛洗净，切块；黄豆芽洗净，沥水备用。
2. 净锅入水烧开，放入猪蹄氽透，捞出洗净。
3. 将姜片、猪蹄放入瓦煲内，注入适量清水，大火烧开，放入粉葛，改为小火煲2小时，再放入黄豆芽焖熟，加入食盐调味即可。

红枣香菇排骨汤

材料

红枣3颗，香菇适量，猪排骨150克

调味料

食盐3克

做法

❶ 猪排骨洗净，斩块；红枣去核，洗净泡发；香菇洗净，泡发10分钟。

❷ 净锅注水烧开，放入猪排骨汆透，捞起洗净。

❸ 炖盅注水，将红枣、香菇、猪排骨放入，用大火煲沸，改小火煲2小时，加入食盐调味即可。

青豆党参排骨汤

材料

青豆50克，党参25克，猪排骨100克

调味料

食盐适量

做法

❶ 青豆浸泡洗净；党参润透后洗净切段。

❷ 猪排骨洗净，斩块，汆烫后捞起备用。

❸ 将上述食材放入锅内，加水以小火煮约1小时，再加入食盐调味即可。

西红柿红薯排骨汤

材料

西红柿150克，红薯200克，猪排骨100克

调味料

食盐适量

做法

❶ 红薯去皮，洗净切大块；西红柿洗净，切大瓣。

❷ 猪排骨洗净，斩段，汆水。

❸ 将猪排骨放入瓦煲，注水烧开，放入红薯，用小火煲1.5小时，再放入西红柿煮15分钟，加入食盐调味即可。

火麻仁猪蹄汤

材料

火麻仁10克，猪蹄150克

调味料

食盐3克

做法

❶ 猪蹄洗净，剁块；火麻仁洗净。

❷ 净锅入水烧开，入猪蹄汆透，捞出洗净。

❸ 砂锅注水，放入猪蹄、火麻仁，用大火煲沸，改小火煲3小时，加入食盐调味即可。

萝卜橄榄猪骨汤

材料

青皮萝卜250克，红皮萝卜200克，橄榄100克，猪骨500克，蜜枣3颗

调味料

食盐5克

做法

❶ 青皮萝卜、红皮萝卜去皮，切成块状，洗净。

❷ 橄榄洗净，拍烂。

❸ 猪骨用盐腌4小时，洗净；蜜枣洗净，将以上食材放入砂锅，注水烧沸，改小火煲3小时，加入食盐调味即可。

南瓜红枣煲排骨

材料

南瓜100克，红枣4颗，猪排骨200克

调味料

食盐3克

做法

❶ 猪排骨洗净，斩段；南瓜去瓤，切块；红枣去蒂，洗净。

❷ 净锅入水烧开，放入猪排骨汆尽血渍，倒出洗净。

❸ 将红枣、南瓜、猪排骨放入砂锅，注入清水，用大火烧沸，改小火煲2.5小时，加入食盐调味即可。

膨鱼鳃炖瘦肉

材料

膨鱼鳃200克，猪瘦肉300克，鸡爪50克，党参、红枣、枸杞子各15克

调味料

食盐6克，鸡精4克

做法

❶ 猪瘦肉洗净，切块，汆水；膨鱼鳃、鸡爪、党参洗净；红枣、枸杞子洗净，浸泡。

❷ 将猪瘦肉、膨鱼鳃、鸡爪、党参、红枣、枸杞子放入锅中，加入清水以慢火炖煮。

❸ 至汤色变浓后，调入食盐、鸡精调味即可。

胡萝卜红薯猪骨汤

材料

胡萝卜、红薯各150克，猪骨100克

调味料

食盐适量

做法

❶ 猪骨洗净，斩开成块；胡萝卜洗净，切块；红薯去皮，洗净切块。

❷ 净锅入水烧开，下猪骨汆烫至表面无血水，捞出洗净。

❸ 将猪骨、胡萝卜、红薯放入炖盅，注入清水，以大火烧开，改小火煲2小时，加入食盐调味即可。

黄瓜扁豆排骨汤

材料

黄瓜400克，扁豆30克，麦冬20克，猪排骨600克，蜜枣2颗

调味料

食盐5克

做法

① 黄瓜去瓤，洗净，切段。

② 扁豆、麦冬洗净；蜜枣洗净。

③ 猪排骨斩块，洗净，氽水。

④ 将清水2000毫升倒入瓦煲内，煮沸后加入以上食材，大火煮沸后改用小火煲3小时，加入食盐调味即可。

耙齿萝卜牛腩汤

材料

牛腩200克，白萝卜150克，耙齿菌、陈皮、枸杞子各适量

调味料

食盐少许

做法

① 牛腩洗净，切块后氽去血水；白萝卜去皮洗净，切块；耙齿菌、陈皮分别洗净；枸杞子泡发洗净。

② 将牛腩、白萝卜、耙齿菌、陈皮、枸杞子放入汤锅中，注入清水用大火煮沸后转小火慢炖2小时。

③ 加入食盐调味，搅匀即可。

板栗排骨汤

材料

板栗250克，猪排骨500克，胡萝卜1根

调味料

食盐5克

做法

① 将板栗剥去壳后放入沸水中煮熟，备用。

② 猪排骨洗净后切块，放入沸水中汆烫，捞出备用。

③ 胡萝卜削去皮、冲净，切成段。

④ 将所有材料放入锅中，加水至盖过材料，大火煮开后改用小火煮约30分钟。

⑤ 煮好后加入食盐调味即可。

土豆西红柿脊骨汤

材料

土豆、西红柿各1个，猪脊骨150克，红枣适量

调味料

食盐3克

做法

① 土豆去皮，洗净切大块；西红柿洗净，切小瓣；猪脊骨洗净，斩块；红枣洗净，泡发切开。

② 净锅入水烧开，将猪脊骨放入，汆尽血水，倒出洗净。

③ 将猪脊骨、土豆、红枣放入砂锅中，注入清水，以大火烧开，放入西红柿，改小火煲煮1小时，加入食盐调味即可。

香菇排骨汤

材料

香菇50克，猪排骨300克，红枣适量

调味料

食盐3克，鸡精5克，鸡骨草适量

做法

❶ 猪排骨洗净，斩块；香菇泡发，洗净撕片；红枣洗净。

❷ 热锅注水烧开，放入猪排骨氽尽血渍，捞出洗净。

❸ 将猪排骨、红枣放入瓦煲，注入清水，大火烧开后放入香菇、鸡骨草，改为小火煲煮2小时，加入食盐、鸡精调味即可。

黄豆芽猪骨汤

材料

黄豆芽50克，猪骨200克

调味料

食盐3克

做法

❶ 猪骨洗净，斩块；黄豆芽洗净。

❷ 净锅入水烧开，放入猪骨，氽去表面血渍后，捞出洗净。

❸ 将猪骨放入瓦煲内，注入清水，以大火烧开，再用小火炖煮2小时，放入黄豆芽煮片刻，加入食盐调味即可。

南瓜猪骨汤

材料

南瓜、猪骨各100克

调味料

食盐3克

做法

❶ 南瓜去瓤，去皮，洗净切块；猪骨洗净，斩成块。

❷ 净锅入水烧沸，倒入猪骨氽透，取出洗净。

❸ 将南瓜、猪骨放入瓦煲，注入清水，大火烧沸，改小火炖煮2.5小时，加入食盐调味即可。

黄豆丹参猪骨汤

材料

黄豆250克，丹参50克，猪骨1200克，肉桂9克

调味料

食盐6克，味精4克，料酒、香菜末各适量

做法

❶ 将猪骨洗净，切块，氽水；黄豆去杂洗净。

❷ 丹参、肉桂用干净纱布包好，备用。

❸ 砂锅内加适量水，放入猪骨、黄豆、药袋，以大火烧沸，改用小火煮约1小时，捞出药袋，调入食盐、味精、料酒，撒上香菜末即可。

胡椒老鸡猪肚汤

材料

老鸡100克，猪肚130克，红枣少许

调味料

胡椒20克，食盐6克

做法

❶ 胡椒洗净，晾干后研碎；老鸡治净，切块；猪肚洗净。

❷ 锅中注水烧开，分别放入鸡块、猪肚氽水，捞出洗净，将胡椒碎放入猪肚内。

❸ 将所有材料放入砂锅内，加清水淹过食材，大火煲沸后改小火煲2.5小时，调入食盐即可。

节瓜菜干煲脊骨

材料

节瓜100克，白菜干30克，猪脊骨150克

调味料

食盐3克

做法

❶ 猪脊骨洗净，斩段，用刀背稍拍裂；白菜干洗净泡发；节瓜去皮，洗净切块。

❷ 净锅入水烧开，放入猪脊骨氽尽血渍，捞出洗净。

❸ 将猪脊骨放入砂锅中，注入清水，以大火烧开，放入白菜干、节瓜，改小火煲煮1小时，加入食盐调味即可。

五指毛桃根炖猪蹄

材料

五指毛桃根20克，猪蹄200克

调味料

食盐3克

做法

❶ 五指毛桃根洗净，切段；猪蹄洗净，剁块。

❷ 砂锅烧水，待水沸时，放入猪蹄汆尽血水，倒出洗净。

❸ 将砂锅注入清水，大火烧开，放入五指毛桃根、猪蹄，改小火炖3小时，加入食盐调味即可。

玉米山药猪胰汤

材料

鲜玉米1条，山药15克，猪胰1条

调味料

食盐5克

做法

❶ 猪胰洗净，去脂膜，切块；鲜玉米洗净，斩成2~3段。

❷ 山药洗净，入水浸泡20分钟。

❸ 把全部食材放入锅内，加适量清水，以大火煮沸后转小火煲2小时，调入食盐即可。

绿豆田鸡汤

材料

田鸡300克，绿豆、海带各50克

调味料

盐、鸡精各5克

做法

❶ 田鸡治净，去皮，切段，汆水；绿豆洗净，浸泡；海带洗净，切片，浸泡。

❷ 锅中放入田鸡、绿豆、海带，加入清水，以小火慢炖。

❸ 待绿豆熟烂之后调入盐和鸡精即可。

天麻炖鱼头

材料

鱼头1个，枸杞、天麻、红枣、山药片、玉竹、陈皮、沙参各适量

调味料

盐少许

做法

❶ 鱼头治净，对半剖开后煎香；天麻、红枣、山药片、玉竹、陈皮、沙参均洗净浮尘；枸杞泡发洗净。

❷ 煲内倒入适量清水，放入所有原材料，用大火煮沸，再改小火慢慢炖至汤汁呈乳白色。

❸ 起锅前，加入盐调味即可。

人参猪蹄汤

材料

人参须、黄芪、麦冬、枸杞子各10克，薏米50克，猪蹄200克，胡萝卜100克

调味料

姜片、食盐各3克

做法

❶ 将人参须、黄芪、麦冬分别洗净，放入棉布袋中包起；枸杞子、薏米分别洗净，放入汤锅中；胡萝卜洗净切块，放入锅中。

❷ 猪蹄洗净后剁成小块，氽烫后放入锅中。

❸ 锅中再放入姜片、清水，煮沸后用小火煮约30分钟，捞出药材包，熬煮至猪蹄熟透，加入食盐调味即可。

黄芪牛肉汤

材料

黄芪6克，牛肉450克，枸杞子少许

调味料

食盐6克，葱段2克

做法

❶ 将牛肉洗净，切块，氽水；香菜择洗净，切段；黄芪用温水洗净备用。

❷ 净锅注水，倒入牛肉、黄芪、枸杞子煲熟，撒入葱段、食盐调味即可。

党参山药猪肚汤

材料

猪肚150克，党参、干山药各20克、黄芪5克，枸杞子适量

调味料

食盐6克，姜片10克

做法

❶ 猪肚洗净切片；党参、干山药、黄芪、枸杞子洗净。

❷ 净锅注水烧开，放入猪肚氽透。

❸ 将所有材料和姜片放入砂锅内，加入清水淹过食材，大火煲沸后改小火煲2.5小时，调入食盐即可。

橙子羊肉汤

材料

橙子50克，羊肉300克，红辣椒圈、葱花各少许

调味料

食盐少许，味精3克，高汤适量

做法

❶ 将羊肉洗净，切大片，氽水；橙子洗净，切片备用。

❷ 炖锅上火，加入适量高汤，加入羊肉、橙子，大火烧沸后改小火煲至熟，加入食盐、味精调味，捞出摆盘，用红辣椒圈、葱花装饰即可。

06

神健脑汤

养神更补脑 x 越喝越聪明

提神健脑汤在大脑正常运转中发挥着十分重要的作用。不管是正在认识世界的儿童，还是注意家庭与事业的成年人，抑或是颐养天年的老年人，在规律、均衡的饮食之外，相对地多喝提神健脑汤，都有助于增强记忆力、提高思维的敏捷度、集中有限的精力，甚至激发出无穷的创造力和想象力。

西洋菜生鱼汤

材料

西洋菜、生鱼各200克，北杏仁30克

调味料

食盐少许，姜适量

做法

❶ 西洋菜择洗干净；生鱼宰杀治净，放入沸水中汆烫，捞出备用；北杏仁洗净；姜洗净，切片。

❷ 锅内倒入适量清水，煮沸后加入西洋菜、生鱼、北杏仁、姜片。待水再次烧开，用中火慢慢炖熟，最后加入食盐调味即可。

天麻鱼头汤

材料

天麻15克，鱼头1个，茯苓2片，枸杞子10克

调味料

葱段适量，米酒少许，姜5片

做法

❶ 天麻、茯苓洗净，入锅加水5碗，熬成3碗汤。

❷ 鱼头用开水汆烫。

❸ 将鱼头和姜片放入煮开的天麻茯苓汤中，待鱼煮熟后放入枸杞子、米酒、葱段即可。

天麻枸杞鱼头汤

材料

鲑鱼头1个，西蓝花150克，蘑菇3朵，天麻10克，当归10克，枸杞子15克

调味料

食盐5克

做法

❶ 鱼头去鳃，洗净。

❷ 西蓝花撕去梗上的硬皮，洗净切小朵；蘑菇洗净，对切为两半。

❸ 将天麻、当归、枸杞子洗净，以5碗水熬至剩4碗水左右，放入鱼头煮至将熟。

❹ 将西蓝花、蘑菇加入煮熟，调入食盐即成。

香菜豆腐鱼头汤

材料

香菜30克，豆腐250克，鳙鱼头450克

调味料

花生油、食盐各适量，姜2片

做法

❶ 鱼头治净，用盐腌渍，洗净；香菜洗净。

❷ 豆腐用盐水浸泡1小时，沥干水；炒锅下油，将豆腐、鱼头两面煎至金黄色。

❸ 锅中放入鱼头、姜，加入1000毫升沸水，大火煮沸后，加入煎好的豆腐，煲30分钟，放入香菜，稍煮即可。

黄花鱼豆腐煲

材料

黄花鱼400克，豆腐100克，枸杞子少许

调味料

食盐、味精各适量，葱段5克，香菜末20克，花生油适量

做法

❶ 将黄花鱼宰杀治净后改刀；豆腐切小块；香菜择洗干净，切段备用。

❷ 净锅上火注油，将葱炝香，放入黄花鱼煸炒，倒入清水，加入豆腐、枸杞子煲至熟，调入食盐、味精调味，撒入香菜末即可。

酸菜豆腐鱼块煲

材料

酸菜75克，豆腐50克，草鱼350克，枸杞子、葱段各少许

调味料

食盐5克，姜片2克，花生油、清汤各适量

做法

❶ 将草鱼治净斩块；酸菜洗净切丝；豆腐稍洗，切块备用。

❷ 锅上火倒入油，将姜片爆香，放入草鱼块煎炒，倒入清汤，放入酸菜、豆腐、枸杞子，煲至熟，调入食盐，撒入葱段即可。

苹果猪胰生鱼汤

材料

苹果、猪胰各100克，生鱼250克，蜜枣、南杏仁、北杏仁各适量

调味料

食盐少许

做法

❶ 生鱼治净，切块后氽去血水；苹果去皮去核，切块；猪胰治净，切块；蜜枣、杏仁均洗净浮尘。

❷ 净锅上火入水，放入生鱼、猪胰，用大火烧沸。

❸ 放入苹果、蜜枣、杏仁，改用小火煲至熟，最后加入食盐调味即可。

双鱼汤

材料

黄花鱼、鲫鱼各1条，枸杞子10粒

调味料

食盐适量，味精2克，葱段、姜片各4克，香菜末3克，花生油适量

做法

❶ 将黄花鱼、鲫鱼治净，氽水待用；枸杞子用温水浸泡洗净备用。

❷ 净锅上火注油，将葱、姜炝香，倒入水，放入黄花鱼、鲫鱼、枸杞子，烧至熟，调入食盐、味精，撒入香菜即可。

黄花鱼汤

材料

黄花鱼1条，枸杞子适量，姜片少许

调味料

食盐5克，香菜末3克

做法

❶ 将黄花鱼治净备用。

❷ 净锅上火注水，放入黄花鱼、姜片、枸杞子，煲至熟，调入食盐，撒入香菜末即可。

五爪龙鲈鱼汤

材料

五爪龙100克，鲈鱼400克，枸杞子少许

调味料

食盐适量，味精、胡椒粉各3克，香菜段2克，花生油适量

做法

❶ 将鲈鱼治净备用；五爪龙洗净，切碎。

❷ 炒锅上火注油，放入鲈鱼、五爪龙煸炒2分钟，倒入清水，煲至汤呈白色，调入食盐、味精、胡椒粉、枸杞子，撒入香菜即可。

腐竹白果鲫鱼汤

材料

鲫鱼300克，腐竹100克，胡萝卜、白果各适量

调味料

食盐、胡椒粉各少许，姜片2克，葱段20克，花生油适量

做法

1. 鲫鱼治净斩段，过油煎香；腐竹洗净浸软，切段；胡萝卜去皮洗净，切片；白果去壳洗净。

2. 净锅置于火上，倒入适量清水，放入鲫鱼、姜片、葱段，煮沸后撇去浮沫。

3. 加入腐竹、胡萝卜、白果，用中火煲至熟，调入食盐、胡椒粉即可。

黄芪瘦肉鲫鱼汤

材料

黄芪15克，猪瘦肉200克，鲫鱼1条

调味料

姜15克，葱10克，料酒30毫升，白糖、食盐各5克，味精、胡椒粉各2克，白醋3毫升，鲜汤2000毫升

做法

1. 将鲫鱼去鳃、鳞，剖去内脏洗净，切成两段；猪瘦肉洗净切成方块；姜洗净拍碎，切成小块；葱洗净切斜段。

2. 锅中倒入鲜汤烧开，放入黄芪、猪瘦肉、姜、鲫鱼煮熟。

3. 待熟后，再倒入料酒，稍煮后调入白糖、食盐、味精、胡椒粉、葱段、白醋即可。

清汤黄花鱼

材料

黄花鱼1条，红辣椒5克

调味料

食盐5克，葱段、姜片各2克

做法

❶ 将黄花鱼治净；红辣椒洗净，切丁备用。

❷ 净锅上火入水，放入葱段、姜片，放入黄花鱼煲至熟，调入食盐，撒上红辣椒即可。

皮蛋豆腐鱼尾汤

材料

皮蛋2个，豆腐1块，草鱼尾200克

调味料

清汤适量，食盐6克，白醋5毫升，姜末3克

做法

❶ 将草鱼尾洗净斩块；皮蛋去壳洗净切丁；豆腐洗净切丁备用。

❷ 净锅上火倒入清汤，下入草鱼、豆腐、皮蛋煲至熟，调入白醋、食盐，撒入姜末即可。

海鲜豆腐汤

材料

鱿鱼、虾仁各75克，豆腐125克，鸡蛋1个

调味料

食盐少许，葱花3克

做法

❶ 将鱿鱼、虾仁治净；豆腐洗净切条；鸡蛋打入盛器搅匀备用。

❷ 净锅上火倒入水，放入鱿鱼、虾仁、豆腐烧开至熟，淋入蛋液再煮一会儿，调入食盐，撒入葱花即可。

土鸡炖鱼头

材料

土鸡500克，鱼头1个，青菜100克，枸杞子50克

调味料

姜片30克，食盐6克，料酒10毫升，鸡精5克，花生油适量

做法

❶ 土鸡、鱼头、青菜、枸杞子分别洗净，鱼头、土鸡切成大块。

❷ 净锅烧热注油，放入姜片爆香，然后放入鱼头炸一下。

❸ 将全部原料一起倒入砂锅中，加适量清水，倒入料酒，转小火炖半小时，加其余调味料调味即可。

木瓜玉米花生生鱼汤

材料

生鱼1条，木瓜、玉米、山药、花生仁、枸杞子各适量

调味料

食盐少许，姜2片

做法

❶ 生鱼宰杀治净，切段；木瓜去皮去籽，切块；玉米洗净，切段；山药去皮，切厚片；花生仁、枸杞子洗净泡软。

❷ 将所有食材放入汤锅中，加适量清水，待水烧开后用中火炖2小时。

❸ 加入姜片，继续炖30分钟，调入食盐即可。

豆腐草菇鲫鱼汤

材料

豆腐50克，草菇60克，鲫鱼300克，葱段少许

调味料

食盐、花生油、姜片各适量

做法

❶ 鲫鱼治净；草菇洗净，切成两瓣；豆腐洗净切块。

❷ 锅内注油烧热，将鲫鱼稍煎至两面金黄，取出备用。

❸ 用瓦煲装入清水，大火煲沸后加入所有食材，转小火煲1.5小时，调入食盐，撒上葱段即可。

金针菇金枪鱼汤

材料

金针菇150克，金枪鱼肉150克，西蓝花75克，天花粉15克，知母10克

调味料

姜丝5克，食盐6克

做法

❶ 天花粉、知母洗净，放入棉布袋；鱼肉、金针菇、西蓝花洗净，金针菇和西蓝花剥成小朵备用。

❷ 清水注入锅中，放入棉布袋和全部材料煮沸。

❸ 取出棉布袋，放入姜丝和食盐调味即可。

花生蒜味排骨汤

材料

花生仁20克，蒜10克，猪排骨200克

调味料

食盐3克

做法

1. 猪排骨洗净，剁块；花生仁洗净，泡发10分钟；蒜去皮，洗净。
2. 净锅入水烧开，放入猪排骨，氽透，捞起洗净。
3. 将猪排骨、花生仁、蒜放入瓦煲，倒入适量清水，大火烧开，改小火煲3小时，加入食盐调味即可。

玉米哈密瓜瘦肉汤

材料

玉米、哈密瓜各适量，猪瘦肉400克，苹果100克

调味料

食盐、鸡精各5克

做法

1. 猪瘦肉洗净，切块，氽水；苹果去皮，切块；玉米洗净，切段；哈密瓜去皮洗净，切块。
2. 将猪瘦肉、苹果、玉米、哈密瓜放入锅中，加入清水用小火炖煮。
3. 至苹果皮变色之后，调入食盐和鸡精即可。

天麻党参炖鱼头

材料

天麻5克，党参5克，鱼头1个

调味料

食盐适量

做法

1. 将鱼头洗净，去掉鱼鳃，切成大块。
2. 天麻、党参、鱼头同时放入炖锅，加水炖煮至熟。
3. 调入食盐即可。

雪菜黄鱼汤

材料

雪菜100克，黄鱼1条，竹笋片50克

调味料

食盐3克，料酒10毫升，葱1根，姜2片，花生油适量

做法

1. 黄鱼治净，在两边鱼身各划几刀；雪菜洗净，切成小条；葱洗净切小段。
2. 油烧热，爆香葱、姜，将鱼放入，两边皆煎至金黄色。淋入料酒，加入清水，汤汁煮开后，加入雪菜及竹笋片，再煮约3分钟，待汤汁变成奶白色，调入食盐即可。

苹果核桃鲫鱼汤

材料

苹果150克，核桃仁50克，鲫鱼1条

调味料

食盐少许，姜片少许，花生油、葱段各适量

做法

❶ 鲫鱼宰杀治净，斩成两段，放入热油锅稍煎；苹果洗净，去核切块；核桃仁洗净。

❷ 锅内倒入适量清水，煮沸后加入鲫鱼，待水再次烧开后放入苹果、核桃仁、姜片、葱段。

❸ 用中火煲至汤汁呈乳白色，加入食盐调味即可。

鱼头蒜香豆腐汤

材料

鲢鱼头300克，蒜25克，豆腐150克，葱5克

调味料

食盐6克，剁椒10克，姜末5克

做法

❶ 将鲢鱼头治净斩块；豆腐洗净切块；葱洗净，切末；蒜洗净备用。

❷ 汤锅上火倒入清水，倒入姜末、剁椒，放入鱼头烧沸，再倒入豆腐、蒜煲至熟，调入食盐，撒上葱末即可。

品质悦读｜畅享生活